城市电网调控365问

国网上海市电力公司市北供电公司◎组编

母线失电 允许信号
剩余电流动作保护
避雷线 自耦降压变压器
电流互感器 频率崩溃
工作接地
变压器瓦斯保护
轻瓦斯保护
继电保护
充电运行
电力网 小电流接地系统
10千伏配电站
零序电流滤过器
保护接地
黑启动方案
“双确认”
高压断路器 低频减载装置
电力负荷 电力母线
断路器非全相运行 小电流接地系统
华东电网低频减载 零序电压滤过器
备用电源自动投入装置 母线
母差保护 高频闭锁方向保护
大电流系统

故障解列装置
“五防”闭锁
纵联保护
高频通道
重合闸
高频保护投停
瞬时电流速断
限时电流速断
新线路核相 低频、低压解列装置
110千伏自愈系统
断路器 线路故障指示器
无功补偿
调度员交接班
电压互感器
接地电阻 瓦斯保护
电网倒闸 电压切换回路
电流互感器
自动重合闸 电压互感器
自愈系统
母线故障 GIS母线事故
线路停送电

三段式零序电流保护
两票三制 反时限过电流
填写操作票 定时限过电流
调度指令
复诵制度
调度员 纵联保护
SCADA系统 过负荷保护
“四遥” 分布式FA
启动验收 单相重合闸
纵差动保护
不平衡电流
单相重合闸
断路器偷跳
自落熔丝
自合熔丝 电网黑启动
系统电压 失灵保护
变压器停役 零序电流保护
“差动保护投入”压板
架空线

内 容 提 要

本书旨在提高调控运行人员业务技能水平，保障电网安全稳定经济运行。主要包括配电网电网操作知识、新设备启动、安全自动装置、配电网继电保护知识、故障异常处理五个部分，每部分均分为基础部分、提高部分。

本书可作为各级调控机构配电网调控运行和管理专业人员学习使用。

图书在版编目（CIP）数据

城市电网调控365问/国网上海市电力公司市北供电公司组编.—北京：中国电力出版社，2020.6
ISBN 978-7-5198-4680-0

Ⅰ.①城… Ⅱ.①国… Ⅲ.①城市配电网—电力系统调度—问题解答 Ⅳ.①TM727.2-44

中国版本图书馆CIP数据核字（2020）第084150号

出版发行：中国电力出版社
地　　址：北京市东城区北京站西街19号（邮政编码100005）
网　　址：http://www.cepp.sgcc.com.cn
责任编辑：吴　冰（010-63412356）
责任校对：王小鹏
装帧设计：北京宝蕾元科技发展有限责任公司
责任印制：石　雷

印　　刷：三河市万龙印装有限公司
版　　次：2020年6月第一版
印　　次：2020年6月北京第一次印刷
开　　本：787毫米×1092毫米　16开本
印　　张：11
字　　数：234千字
印　　数：0001-2000册
定　　价：60.00元

本书编委会

主　　任　史济康　沈建忠

副主任　毛　俊　王卫公　吴峥嵘　俞　康　张　立　王战平

本书编写组

主　　编　张　立

副主编　王乃盾　姚　明　池海涛　朱海吉　王轶华　张　捷　施　灵　许　敏　韩浩江　孙　歌　夏　澍

编写组成员　赵　彬　徐　焰　施玲君　沈　磊　高亦凌　丁　一　方雨康　许鸣吉　刘　俊　陆文彬　张学飞　姚恒琦　孙健璧　沈　凌　陈蓉蓉　朱　寅　刘　燕　陆佳虹　文光磊　姚璟杰　刘嘉宝　徐良骏　孙诗航　施一鸣　沈海亮　高　凯　徐杰丞　徐　隽　裘青云　朱　江　胡海涛　燕　劼　许　刚　卞　欣　徐良骏　杨　杰　童克彦　浦盛斌　张　帆　龚　政　钱　立　沈志祺　周　琰　沈贤杰　金为夷　杨　剑　周　鸣　唐海峰　李顺道　林　辉　苏　君　徐英成　李冰若　史　媛　陈佳瑜　钱　颖　王颖韬　周　瑜　竺磊德　徐鑫悦　吴　昊　柴　俊　陈　盛　朱启凌　张　杨　张海清　胡海敏　冯文俊

前　言

随着我国电网的快速发展、智能电网建设的迅速推进和全球能源互联网发展战略的逐步实现，国家电网有限公司电网运行管理方式已实现了向“调控一体化”为核心的“大运行”模式转变，电网业务一体化、组织结构扁平化、业务流程精简化、电网事故处理和日常操作标准化。

另外，随着城市配电网的发展，电网调控员的职责和权限也发生了相应的变化，主要体现为设备监控范围扩大、管辖电压等级跨度变广、管辖设备种类繁多、日常运行工作量显著提升、电网事故处理要求更严。国网上海市北供电公司电力调度控制中心组织部门调控技术骨干人员，结合电力系统调控技术特点编写了本书，旨在通过对调控人员的持续培训，不断提高调控运行人员业务技能水平，全面提升调控人员驾驭大电网安全运行的能力，切实保证电网安全稳定经济运行。

本书理论联系实际，图文并茂，通用基础部分简洁明了，事故案例部分全面翔实，分为基础部分和提高部分，共包含五章内容。

第 1 章为配电网电网操作知识，介绍了电网设备基础知识、操作注意事项及相关运行规定。

第 2 章为新设备启动，介绍了不同电压等级、不同类型设备启动时的操作步骤及注意事项。

第 3 章为安全自动装置，介绍了上海电网不同电压等级的安全自动装置动作原理、运行规定及注意事项。

第 4 章为配电网继电保护知识，介绍了不同电压等级、不同类型设备保护配置情况，并对保护动作原理作了简要说明。

第 5 章为故障异常处理，介绍了城市配电网典型故障异常类型，并结合具体案例分类介绍处置原则及注意事项。

希望本书的出版能为配电网调控运行和管理专业人员提供有益的参考，也欢迎广大读者对书中内容的不足和疏漏之处批评指正。

编　者

2020 年 4 月

目录 CONTENTS

1 配电网电网操作知识

1.1 基础部分

1. 电网设备有哪四种状态？什么是电网的运行操作？

答：电网设备一般处于运行、热备用、冷备用和检修四种状态。

电网的运行操作是指变更电网设备运行状态或改变系统运行方式的行为。

2. 什么是运行中的电气设备？

答：所谓运行中的电气设备是指全部带有电压的电气设备、一部分带有电压的电气设备和一经操作即有电压的电气设备。

3. 什么是充电运行？

答：为提高供电可靠性，某些设备对用户提供备用或设备暂不接带负荷期间，该设备带标称电压但不接带负荷，即为充电运行。当线路长时间充电运行时，线路的自动重合闸应该停用。

4. 什么是电力网？如何划分输电网和配电网？

答：电力网是指电力系统中输送、变换和分配电能的部分，包括升、降压变压器和各种电压等级的输电线路，是电力系统的一部分。电力网按其在电力系统的作用不同分为输电网和配电网。

输电网是指以输电线路将发电厂、变电站连接起来的输电网络，是电力网中的主干网络。配电网是指从电源侧（输电网和发电设施）接受电能，并通过配电设施就地或逐级分配给各类用户的电力网络。

5. 配电网的基本要求是哪些？

答：配电网的基本要求主要是供电的连续性、可靠性、合格的电能质量和运行的经济性等。配电网应具有必备的容量裕度、适当的负荷转移能力、一定的自愈能力和应急处理能力以及合理的分布式电源接纳能力。

6. 什么是高压断路器？它由哪几部分组成？

答：高压断路器是一种用于高压电网和电源的控制，具有相当完善的灭弧结构和足够的断流能力的负荷开关。

高压断路器由导电回路、灭弧室、绝缘部分、操动机构和传动部分、外壳及支持部分组成。

7. 隔离开关有哪些主要作用？

答：隔离开关主要有以下作用：

（1）用于隔离电源，将高压检修设备与带电设备断开，使其间有一明显可看见的断开点。

（2）隔离开关与断路器配合，按系统运行方式的需要进行倒闸操作，以改变系统运行接线方式。

（3）用以接通或断开小电流电路。

8. 变压器的基本工作原理是什么？常见的接线组别有哪几种？

答：变压器由绕在同一铁心上的两个或两个以上的绕组组成，绕组之间通过交变磁场而联系着，变压器的基本工作原理就是电磁感应原理。

电网中，双绕组变压器常见的联结组别分别有 YNd11、Yd11、Yyn；三绕组变压器的联结方式有 YNydn、YNynyn。也有特殊的连接方式，如 YNz 曲线联结和两台单项变压器作为三相降压运行的 V/V 联结方式。

9. 什么是电力母线？

答：电力母线是汇集和分配电能的通路设备，它决定了配电装置设备的数量，并标明什么方式来连接发电机、变压器和线路，以及怎样与系统连接来完成输配电任务。

10. 发电厂或变电站的母线接线主要有哪几种方式？

答：发电厂或变电站的母线接线方式主要有以下几种方式：

（1）单母线：单母线、单母线分段、单母线加旁路和单母线分段加旁路。

（2）双母线：双母线、双母线分段、双母线加旁路和双母线分段加旁路。

（3）三母线：三母线、三母线分段和三母线分段加旁路。

（4）3/2 接线：3/2 接线、3/2 接线母线分段。

（5）4/3 接线：4/3 接线、4/3 接线母线分段。

（6）单元接线：单元接线、扩大单元接线。

（7）桥形接线：内桥形接线、外桥形接线和复式桥形接线。

（8）角形接线（或称环形）：三角形接线、四角形接线和多角形接线。

11. 什么是无功补偿？配电网中常用的无功补偿方式有哪些？

答：在电网中安装并联电容器、同步调相机等容性设备以后，可以供给感性电抗（如电动机、变压器等）消耗的部分无功功率，减少无功功率在电网中的流动，降低输电线路因输送无功功率造成的电网损耗，改善电网的运行条件，这种做法称为无功补偿。

配电网中常用的无功补偿方式如下：

（1）在系统的部分变、配电站中，在各个用户中安装无功补偿装置。

（2）在高、低压配电线路中分散安装并联电容器组。

（3）在配电变压器低压侧和车间配电屏间安装并联电容器以及在单台发动机附近安装并联电容器，进行集中或分散的就地补偿。

12. 什么是电压互感器？它有什么作用？

答：电压互感器是一种电压变换装置，它将高电压变换为低电压，以便用低压量值反应高压量值的变化，通过电压互感器可以直接用普通电气仪进线电压测量。

由于采用了电压互感器，各种测量仪表和保护装置不直接与高电压相连接，保证了仪表测量和继电保护工作的安全，也解决了高压测量的绝缘、制造工艺等困难。由于电压互感器的二次侧均为100V。使得测量仪表和继电器电压线圈制造上得以标准化。

13. 什么是电流互感器？它有什么作用？

答：电流互感器是一种电流变换装置。它将高压和低压大电流变成电压较低的小电流，供给仪表和继电保护装置，并将仪表和保护装置与高压电路断开。电流互感器的二次侧电流均为5A。这使得仪表测量和继电保护装置使用安全、方便，也使其在制造上可以标准化。

14. 什么是接地电阻？

答：接地电阻是指接地装置对地电压和流入地中电流的比值。

15. 什么是工作接地？什么是保护接地？

答：工作接地是为了保护电网在正常情况和事故情况下能可靠地运行，而将系统中的某一点进线接地，如变压器中性点接地、避雷器和避雷器的接地等。

保护接地是为了保护人身安全，防止触电，将正常工作时不带电，而由于绝缘损坏可能带电的金属构件或电气设备外壳进行接地。

16. 什么是电力负荷？一般分为几级？

答：电力负荷是指电力系统中所有用电设备所耗用的功率，简称负荷。电力系统的总负荷是系统中所有用电设备消耗总功率的总和。把电力负荷与供电可靠性的要求相结合，以及中断供电后将会对政治、经济及社会生活所造成损失或影响的程度进行区分，分为一级负荷、二级负荷和三级负荷。

一级负荷是指突然停电将会造成人身伤亡，在经济上造成重大损失，在政治上造成重大不良影响、公共秩序严重混乱，或环境严重污染的这类负荷。如重要交通和通信枢纽用电负荷、重点企业中的重大设备和连续生产线、政治和外事活动等。

二级负荷是指突然停电将在经济上造成较大损失、在政治上造成不良影响，或公共秩序混乱的这类负荷。如果突然停电将造成主要设备损坏、大量产品报废、造成环境污染、大量减产的工厂用电负荷，交通和通信枢纽用电负荷，大量人员集中的公共场所等。

三级负荷是指不属于一级和二级的其他用电负荷。如附属企业、附属车间和某些非生产性场所中不重要的用电负荷等。

17. 变电站有哪几类？各有什么特点？停电后果各是什么？

答：按变电站按在电网中的地位、电压等级、供电范围的不同，分类情况如表 1－1 所示。

表 1－1　变电站的分类、主要特点、电压等级和全站停电后果

分类	主要特点	电压等级	全站停电的后果
枢纽变电站	位于电网的枢纽点，连接电网高压和中压的几个部分、汇集多个电源，供电范围广	电压等级高，在系统中处于举足轻重的地位	将引起系统解列，造成大区域停电，甚至造成电网瓦解，使社会的运行处于瘫痪状态
中间变电站	变电站以交换潮流为主，起系统功率交换的作用，或使长距离输电线路分段，一般汇集 2～3 个电源，同时又降压给当地用户供电	电压等级较高，起电网的中间作用	全站停电后，将引起区域网络的解列，造成大面积停电
地区变电站	它是以对地区用户供电为主的变电站	高压侧一般为 220～110kV	全站停电后，将使该地区中断电源
终端变电站	处于输电线路的终端，接近负荷点，经降压后直接给用户供电	高压侧一般为 110～35kV	全站停电后，将使用户中断电源

18. 变电站主要运行参数包括哪些？

答：变电站主要运行参数包括电压、电流、频率、有功、无功等，也是调控值班人员主要的监视项目，其运行参数监视要求见表 1－2。

表 1－2　　变电站的主要运行参数

运行参数	要求
电压	（1）根据调度下达的电压曲线监视有无越线； （2）三相电压应平衡，当三相电压不平衡时，应监视最大相的电压； （3）不超过设备运行最高允许电压和过电压运行的最长时间； （4）事故情况下，依据调度要求进行控制； （5）对设备一般操作，并、解列操作，投切空载变压器，超高压长线路应加强监视，满足相关要求
电流	（1）三相电流应平衡，当三相电流不平衡时，应监视最大相的电流； （2）不超过设备额定运行电流或设备运行限制； （3）事故情况下过负荷倍数负荷设备运行规范的要求，运行时间不超过规定； （4）设备存在缺陷时加强监视，不应过电流运行； （5）在设备超额定电流运行期间，应加强对电流变化情况和设备运行温度的监视
频率	电网额定频率是 50Hz，发现频率异常升高或降低时，应及时向值班调度汇报，做好运行记录，并继续监视频率变化以及变电站设备的运行情况
有功/无功	（1）三相功率应平衡，当三相有功/无功不平衡时，应监视最大相的有功/无功； （2）满足稳定运行的要求； （3）不超过稳定限值

19. 根据配电站的结构形式和作用，10kV 配电站可以分为哪几个类型？

答：根据配电站的结构形式和作用，10kV 配电站统一位分为三种类型，即 K 型站（开关站）、P 型站（环网站）、W 型站（户外站）。

K 型站（开关站）又称开闭所，是城市配电网的重要组成部分。它的主要作用是加强配电网的联络控制、提高配电网供电的灵活性和可靠性，是电缆线路的联络和支线节点，同时还具备变电站母线的延伸作用。在不改变电压等级的情况下，对电能进行二次分配，为周围的用户提供供电电源。在 K 型站中，由于使用不同型式的变压器，还可分为 KTA（带变压器，采用空气绝缘开关柜）、KTG（带变压器，采用气体绝缘开关柜）、KFA（不带变压器，采用空气绝缘开关柜）、KFG（不带变压器，采用气体绝缘开关柜）。

P 型站（环网站），是用于中压电缆线路分段、联络及分接负荷。设备选用气体绝缘环网柜（共箱式）和固体绝缘环网柜。适用于电缆走廊紧张区域公用配电站和小容量 10kV 供电客户的前置环网，以减少多回路放射电缆，节约路径资源和电缆工程投资；适宜地势狭小、选址困难区域。在 P 型站中，依据是否有变压器以及变压器的数量对其进行分类。可分为 PF（无变压器）、PT1（带 1 台变压器）、PT2（带 2 台变压器）、PT3（带 3 台变压器）、PT4（带 4 台变压器）.

在 W 型站中，依据户外站的具体类型对其进行分类。可分为 WX（箱式变压器）、WH（10kV 户外配网装置）、WL（低压户外电缆分支箱）。箱式变压器是指高、低压开关设备和变压器共同安装于一个封闭箱体内的户外配电装置，主要作用就是为高压或低压用户提供所需电能。

20. 什么是变、配电站的主接线？它主要包括哪些设备？应满足哪些要求？

答：变、配电站的主接线是指变、配电站主要一次电气设备组成的变、配电系统的由路。它主要包括母线、变压器、断路器、隔离开关、互感器以及送、配电线路等。变、配电站的主接线应满足以下要求：

（1）电气主接线应根据系统和用户的要求，保证供电的可靠性和电能质量。

（2）接线简单，运行灵活。配电站的主接线应在满足供电可靠性要求的条件下，力求简单，并有一定的运行灵活性，使它同时可以满足当前各种运行方式的需要。此外，还应该给将来负荷的发展留有一定余地。

（3）操作方便，便于维护检修。在改变运行方式和事故处理时，操作步骤简单、方便。在操作时，确保操作人员及设备的安全，便于经常性的维护，不致因检修局部设备而引起大面积停电。

（4）在满足上述要求的基础上，必须在经济上是合理的，应使电气装置的基建投资和年运行费用最少。

21. 什么是高压输电线路、高压配电线路和低压配电线路？各有什么作用？电压各是多少？

答：从发电厂或变电站升压、将电能输送到降压变电站的高压电力线路称为高压输电线路（或送电线路），它主要担负输送电能的任务，其电压一般在110kV以上。

从降压变电站将电能输送到配电变压器的高压电力线路，称为高压配电线路，它主要担负分配电能的任务，其电压等级通常为3、6、10kV（也有35、110kV配电的），常采用三相三线制。

从配电变压器将电能输送到用电设备的低压电力线路，称为低压配电线路，其电压等级一般为380、220V，常采用三相四线制。

22. 避雷线与避雷针的作用是什么？

答：避雷线和避雷针的作用是防止直击雷，使在它们保护范围内的电气设备（架空输电线路及变电站设备）遭直击雷绕击的概率减小。

23. 线路故障指示器的工作原理是什么？

答：线路故障指示器的工作原理是利用线路发生故障时电流的变化，通过电磁感应作用，使线路故障相故障指示器发生反牌动作，从而形成明显标志。

24. 与架空线路相比较，电力电缆有哪些优、缺点？

答：与架空线路相比较，电力电缆的主要优点是：

（1）因受外界因素（如雷害、风害、鸟害等）的影响小，所以它的供电可靠性高。

（2）电力电缆是埋入地下的，工程隐蔽，所以对市容环境影响较少，即使发生事故，一般也不会影响人身安全。

（3）电缆电容较大，可改善线路功率因数。

电力电缆的缺点是：

（1）成本高，一次性建设投资大。电缆线路的投资约为通常电压等级架空线的10倍。

（2）线路分支困难。

（3）故障点较难发现，不便及时处理事故。

（4）电缆解头施工工艺复杂。

25. 为什么不允许电缆过负荷运行？因过负荷损坏电缆可分为哪几种情况？

答：电缆过负荷运行会使电缆线路事故率增加，同时缩短电缆的使用寿命，所以不允许电缆过负荷运行。

过负荷电流的大小和过负荷时间长短的不同，对电缆危害的程度也不一样，在电缆线路上因过负荷损坏电缆可分为下面几类情况：

（1）造成导线接点的损坏或是造成终端头外部接点的损坏。

（2）加速绝缘老化。

（3）使金属铅包发生龟裂现象，使整条电缆铅包膨胀，在包装隙缝处裂开。

（4）使电缆终端头和中间解头盒因沥青绝缘胶膨胀而胀裂。

26. 哪些情况下要核相？

答：①对于新投产的线路或更改后的线路，必须进行相位、相序核对；②与并列有关的二次回路检修时改动过，也须核对相位、相序；③若相位或相序不同的交流电源并列或合环，将产生很大的电流，巨大的电流会造成发电机或电气设备的损坏，因此需要核相。

27. 电力系统运行的基本要求是什么？

答：电力系统运行的基本要求是：

（1）保证安全可靠性。

（2）保证合格的电能质量。

（3）保证电力系统运行的经济性。

28. 什么是电力系统中性点接地方式？中性点接地方式有几种？ 什么叫大电流接地系统、小电流接地系统？ 其划分标准是怎样的？

答：电力系统中性点接地方式是电力系统中性点和大地之间的连接方式。电力系统中性点是三相电力系统中绕组采用星形接法时各相的连接点。电力系统中性点接地是一种工作接地，以保证电力设备和整个电力系统在正常及故障状态下具有适当的运行条件。

电网中性点接地方式主要有中性点直接接地方式（包括中性点经小电阻接地方式和中性点不接地方式（包括中性点经消弧线圈接地方式）两种。

中性点直接接地系统（包括中性点经小电阻接地系统）发生单相接地故障时，接地短路电流很大，这种系统称为大接地电流系统。

中性点不接地系统（包括中性点经消弧线圈接地系统）发生单相接地故障时，由于不构成短路回路，接地故障电流往往比负荷电流小得多，故称其为小接地电流系统。

在我国，划分标准为 $X_0/X_1 \leqslant (4 \sim 5)$ 的系统属于大接地电流系统，$X_0/X_1 > (4 \sim 5)$ 的系统属于小接地电流系统（X_0 为系统零序电抗，X_1 为系统正序电抗）。

29. 简述220 ~10kV 各采取什么形式的中性点运行方式，各有何特点？

答：220kV 采取中性点直接接地的运行方式，接地形式主要为系统中 220kV 星形接线的变压器中性点接地，属于大接地系统。其特点为单相接地故障情况下，产生的零序故障电流较大。大接地系统特点为单相接地故障中性点电压仍为零，非故障相电压不变。与 110kV 中性点直接接地不同，220kV 系统可以有多个接地点，且接地点的多少与系统单相接地故障电流的大小成正比。零序故障电流的大小需与零序电流保护的灵敏度和定值级差相配合，一般根据系统零序阻抗分布和零序电流保护要求来确定接地点的个数及分布情况。

110kV 采取中性点直接接地的运行方式，接地形式主要为系统中 110kV 电源侧变压器星形绕组中性点接地，属于大接地系统。其特点为单相接地故障情况下，产生的零序故障电流较大，但又较 220kV 小。由于 110kV 为单方向供电系统，仅在电源侧变压器中性点接地，每个独立系统中接地点只有一个，故零序电流保护只按照一点接地来进行整定。

35kV 采取中性点经小电阻接地和消弧线圈接地两种接地方式，接地形式主要有系统中 35kV 接地变（消变）或 35kV 变压器星形绕组中性点接地，同属于小接地系统。小电阻接地系统接地电阻阻值为 20 或 10Ω，对应接地电流为 1000A 和 2000A，其区别为零流保护定值的灵敏度和定值级差的整定不同。消弧线圈接地系统一般设置为过补偿 10A 以下，使单相接地故障情况下，接地点电流小于 10A。小接地系统特点为单相接地故障中性点电压升高至故障相电压，非故障相电压升高至线电压。小电阻接地系统特点为单相接地故障零序电流保护作用于跳闸，中断对用户的供电；消弧线圈接地系统特点为单相接地故障时可继续运行 2h，不中断对用户的供电。

10kV 采取中性点经小电阻接地和中性点不接地两种接地方式，接地形式主要有系统中 10kV 电源变压器星形绕组中性点或 10kV 接地变接地。小电阻接地系统接地电阻阻值为 5.6Ω，对应接地电流为 1000A，小电阻接地系统特点为单相接地故障零序电流保护作用于跳闸，中断对用户的供电；中性点不接地接地系统特点为单相接地故障时可继续运行 2h，不中断对用户的供电。

30. 电力系统可能发生哪些不正常工作状态？

答：有过负荷、过电压、小电流接地系统的单相接地、电网频率降低等不正常工作状态。

31. 简述调度值班员工作职责。

答：调度值班员的工作职责如下：

（1）值班调度员在其值班时间内负责领导调度管辖范围内系统的运行和操作，使整个电力系统安全经济运行，电能质量符合标准，对用户连续供电。

（2）值班调度员必须认真贯彻遵守各项方针政策和规程，组织下级调度运行人员共同搞好电力生产，及时掌握与了解系统主要发供电设备的检修进度情况。

（3）值班调度员应根据“日调度计划”的要求完成各项工作，如实际运行情况与计划不符，必要时可修改“日调度计划”，并通知运方组。

（4）值班调度员值班时应贯彻“一班保三班”的要求，本班应为上一班补漏，为下一班的操作安全和经济运行创造有利的条件。

（5）值班调度员在值班期间应填写好本班应填写的操作票及审核好别班已填写的操作票。

（6）值班调度员应及时、准确、详细地做好各项记录、报表。

（7）值班调度员必须经常做好事故预想，做到遇到事故时有所准备。

（8）值班调度员对上级命令应迅速贯彻、执行或传达。

（9）值班调度员应管理好调度室内的资料、用具，做好调度室内的保密、保卫、消防、清洁工作，维护正常的工作秩序。

（10）值班调度员在事故处理结束后应尽快填写事故异常原始报告。

（11）值班调度员应经常核对模拟盘，发现标示或显示不对时应及时更正或通知自动化值班来处理（包括屏幕显示），并做好记录。

（12）值班调度员发现通信设备有异常时应通知通信组进行处理并做好记录。

32. 上海地区电网调控管理的任务是领导系统的运行、操作和事故处理，保证实现哪些要求？

答：保证实现如下要求：

（1）充分发挥本系统的供电能力，满足用电需要；

（2）保持本系统安全运行，正确及时处理事故，保证连续供电；

（3）使系统内各处供电质量（频率、电压等）符合国家规定标准；

（4）根据本系统的实际情况，优化电力资源配置，最大限度地提高电网整体经济效益。

33. 编制正常运行方式的原则是什么？

答：编制正常运行方式的原则：

（1）保证电网的安全稳定运行；

（2）保证重要用户供电的可靠性、灵活性；

（3）考虑电网继电保护及安全自动装置的协调配合，当电网发生故障时能迅速切除故障，限制事故范围，避免事故扩大；

（4）使短路容量不超过各运行设备规定的限额；

（5）电网设备负载不超过规定限额；

（6）使电网电能质量满足规定要求；

（7）力求达到电网运行的最大经济性。

34. 调度员交接班内容应包括哪些？

答：调度员交接班内容应包括以下内容：

（1）系统运行接线方式及调度模拟屏标志、调度自动化显示（SCADA 或 PMS 等）状态；

（2）日调度计划执行情况；

（3）电网设备停役检修、安全措施、工作许可、工作汇报情况；

（4）继电保护及安全自动装置、调度通信及自动化系统工况及变动情况；

电系设备变动情况（新设备投入等）；

（5）本值及接班调度员下班后发生的事故、障碍、异常情况、设备缺陷等的处理经过、注意事项；

（6）电网薄弱环节及其防止对策、事故预想和注意事项；

（7）紧急减负荷程序表、按频率减负荷的临时变更以及拉、限电情况；

（8）消弧线圈补偿的变动；

（9）上级指示、保电事项及新的运行规定；

（10）预定工作项目及准备情况，电系操作票的份数和内容；

（11）本班未完成事项；

（12）交接各项记录、簿册、文件、图纸、资料（按规定）及钥匙等。

35. 什么情况下不得进行交接班？

答：下列情况下不得进行交接班：

（1）电网有重大操作或处理事故未告一段落时；

（2）上级调度有特殊要求时；

（3）在交接班过程中发生事故，应立即停止交接班，并由交班人员负责处理，接班人员应根据交班人员的要求协助处理。

36. 电系操作有什么规定？

答：电系操作必须根据值班调度员的电系操作指令，受令人复诵无误后执行。一切正常操作均应填写电系操作票（包括无人、单人值班变电站、集控站、中心变电站等），并根据电系操作票进行操作。

37. 电网运行操作的原则有哪些？

答：电网运行操作的原则如下：

（1）安全是第一位的考虑因素，任何操作必须保证人身和设备的安全。

（2）电网操作应按其所属调度指挥关系，在值班调度员的指挥下进行。

（3）值班调度员在操作前要充分考虑操作变更后系统接线的正确性，并应特别注意对重要用户供电的可靠性。

（4）值班调度员在操作前要对系统的有功和无功功率加以平衡，保证操作变更后系统的稳定性，并考虑备用容量。

（5）值班调度员在操作时注意系统变更后引起潮流、电压及频率的变化，并应将改变的运行接线及潮流变化及时通知有关现场。

（6）要保持中性点直接接地点的合理分布和消弧线圈的合理使用。

（7）继电保护及自动装置应配合协调。

（8）由于检修、扩建有可能造成相序或相位紊乱者，送电前注意进行试验。环状网络中的变压器的操作，可能引起电磁环网中接线角度发生变化时，应及时通知有关单位。

（9）带电作业要按检修申请制度提前向所属调度提出申请，批准后方允许作业。严禁约时停、送电。

（10）系统变更后，事故处理措施应重新考虑。必要时事先拟好事故预想，并与有关现场联系好。系统变更后的解列点应重新考虑。

38. 电网倒闸操作的基本要求有哪些？

答：电网倒闸操作的基本要求如下：

（1）调度操作指令要由有权发布指令的调度值班员（所属调度单位发文公布）发布；操作人和监护人必须由上级部门批准并公布的合格人员担任。

（2）现场一次、二次设备要有明显标志，包括设备命名、编号、铭牌、操作转动方向、切换位置的指示以及区别电气相色的标色。

（3）变电站、中心集控站、发电厂电气控制室或集控室要有与现场设备实际接线一致、运行状况相符的模拟操作图，二次回路原理和展开图。一次模拟图上应能表明主要电气设备的命名编号、实际状况和接地线的装设位置。

（4）倒闸操作要有明确、合格的操作依据（调度下达或根据工作票要求）。

（5）要有统一的、确切的调度术语和操作术语，并使用普通话。

（6）要有合格的操作工具、安全用具和设施（包括对号放置接地线的专用装置、专用的接地线装设地点）。一次设备应设有可靠的电气防误装置。

39. 电网倒闸操作的一般步骤有哪些？

答：电网倒闸操作的一般步骤如下：

（1）调度员根据检修停电、运行接线变更计划制定操作任务。

（2）调度员发操作预令，现场值长（值班长）接受操作任务。

（3）现场值班人员按已接受的操作任务填写操作票。

（4）审核已填好的操作票。

（5）调度员按操作票向现场发布操作令。

（6）调度员和现场值班人员互相了解操作顺序后应进行预演和核对。

（7）完成操作前准备工作。

（8）现场核对操作设备。

（9）调度员按操作票向现场逐项明确清楚地下达操作命令，现场值班人员复诵受令，同时录音并记录下令时间。

（10）操作结束并做好汇报与记录。

40. 电网运行操作的制度有哪些？

答：电网值班调度员在操作时应遵循下列制度：操作命令票制度、重复命令制度、监护制度、录音记录制度。

41. 哪些情况下一般不进行系统正常倒闸操作？

答：在以下几种情况下，不得进行系统正常倒闸操作：

（1）交接班时。

（2）系统发生事故或异常时。

（3）雷雨大风时（但事故处理确有必要，可以对断路器进行远控操作）。

（4）电网高峰负荷时。

42. 值班调度员在决定电网操作前，应充分考虑哪些情况？

答：应充分考虑对系统运行方式、有功及无功潮流、负荷、用户供电可靠性、电压、频率、消弧线圈补偿、短路容量、继电保护及安全自动装置、系统中性点接地方式、雷季运行方式、系统稳定、载波通信等各方面的影响。

43. 变电站及电网的倒闸操作主要有哪些？

答：变电站及电网的倒闸操作如下：

（1）电力线路的停、送电操作。
（2）变压器的停、送电操作。
（3）发电机的启动、并列或解列操作。
（4）网络的合环或解环。
（5）母线接线方式的改变。
（6）中性点接地方式的改变或消弧线圈的调整。
（7）电容器、电抗器、调相机等无功设备的投切或启、停。
（8）继电保护和安全自动装置使用状态的改变。
（9）接地线的安装和拆除等。

44. 简述断路器操作的一般规定。

答：断路器操作的一般规定如下：

（1）在切断或接通电流时，应尽量使用断路器。

（2）断路器在操作后，应检查表计变化、指示灯及断路器机械位置，来证明断路器的实际分合状态；断路器在遥控操作后，必须核对执行遥控操作后自动化系统上断路器变位信号、遥测量变化信号（在无遥测信号时，以设备变位信号为判据），以确认操作的正确性。

（3）断路器必须使用电动或气动操作，操动机构失灵时，应按现场规程处理。

（4）有重合闸装置的断路器，一般在断路器拉开前应先停用重合闸，断路器合上后再将重合闸用上；断路器遥控操作拉开时可不停用重合闸。

（5）断路器检修时应取下该回路的母差跳闸压板，母差电流互感器端子拆开在电流互感器侧短接，必须拉开断路器操作电源；若母差电流回路做过工作，断路器复役投入运行前，需停用母差保护，合上断路器，带负荷，测量母差不平衡电流，合格后用上母差保护。

（6）高压断路器不得缺相运行。当发现缺相运行时，应立即将该断路器拉开。如无法拉开，按110kV及以上断路器发生非全相同时非自动运行故障的处理方法进行处理。

45. 变电站断路器遮断容量应满足电网要求，若遮断容量不够，应采取什么措施？

答：必须将操动机构用墙或金属板与该断路器隔开，并设远方控制，重合闸装置必须停用。

46. 简述闸刀操作的一般规定。

答：闸刀操作的一般规定如下：

（1）闸刀在操作前及操作后，都应检查各相刀片的实际分合位置。GIS闸刀的操作，应检查其机械指示，测读有关电流表的变化来证明其正确性。

（2）闸刀在合上或拉开前必须检查和它相应的断路器已在拉开位置，设备停役时先拉断路器再拉负荷侧闸刀，最后拉开电源侧闸刀；复役时相反，严防带负荷拉闸刀。

（3）合上闸刀时，必须迅速果断。即使合错闸刀，甚至发生电弧，也不准再将闸刀拉开。

（4）杆上闸刀的合上或拉开必须迅速果断。

（5）拉开单相闸刀时，应先拉中间一相，合上时最后合中间一相。

47. 电网中允许用隔离开关直接进行的操作有哪些？

答：电网中允许用隔离开关直接进行的操作如下：

（1）在电网无接地故障时，拉合电压互感器。

（2）在无雷电活动时拉合避雷器。

（3）拉合220kV及以下母线和直接连接在母线上的设备的电容电流，经试验允许的500kV空载母线和拉合3/2接线母线环流。

（4）在电网无接地故障时，拉合变压器中性点接地隔离开关或消弧线圈。

（5）与断路器并联的旁路隔离开关，当断路器合好时，可以拉合断路器的旁路电流。

（6）拉合励磁电流不超过2A的空载变压器、电抗器和电容电流不超过5A的空载线路（但20kV及以上电网应使用户外三相联动隔离开关）。

（7）通过计算或试验，主管部门总工程师批准的其他专项操作。

必须利用隔离开关进行的特殊操作，应尽可能在天气好、空气湿度小和风向有利的条件下进行。严禁用隔离开关拉合带负荷设备及带负荷线路。

48. 变压器停送电的顺序操作有哪些规定？ 为什么？

答：变压器停电操作的顺序是：停电时先停负荷侧，后停电源侧；送电时操作顺序是先送电源侧，再送负荷侧。原因是：

（1）从电源侧向负荷侧送电，如有故障，便于确定故障范围，及时作出判断和处理，以免故障蔓延扩大。

（2）多电源的情况下，先停负荷可以防止变压器反充电，若先停电源侧，遇有故障可能造成保护装置误动或拒动，延长故障切除时间，并可能扩大故障范围。

（3）当负荷侧母线电压互感器带有低频减负荷装置而未装电流闭锁时，一旦先停电源侧断路器，由于大型同步电机的反馈，可能使低频减负荷装置误动。

49. 变压器停送电操作的注意事项有哪些？

答：变压器停送电操作的注意事项如下：

（1）一般变压器充电时应具备完备的继电保护，为了保证系统的稳定，充电前调整好相关线路的有功功率，适当降低充电侧电压，调整好变压器分接头位置。尤其在充电变压器发生故障跳闸后，为保证系统的稳定，充电前应先降低相关线路的有功功率。

（2）变压器在充电或停运前，必须将中性点接地隔离开关合上。一般情况下，220kV 变压器高低压侧均有电源，送电时应由高压侧充电，低压侧并列；停电时则先在低压侧解列。

（3）环网系统的变压器操作时，应正确选取充电端，以减少并列处的电压差；变压器并列运行时应符合并列运行的条件。

50. 为什么 110kV 及以上变压器在停电及送电前必须将其中性点接地？

答：为防止变压器停电操作时产生的操作过电压和变压器送电操作时，因断路器三相不同期合闸产生的过电压对变压器绝缘的破坏，所以规定要先将变压器中性点接地，才可进行操作。

1.2 提高部分

51. 运行中的变压器中性点有没有电压？

答：理论上变压器本身三相对称，负荷三相对称，变压器的中性点应无电压，但实际上三相对称很难做到。

在中性点接地系统中变压器中性点固定为对地电压，而在中性点不接地系统中变压器中性点对地电压的大小和三相对地电容的不对称程度有关。当输电线路采取换位措施，改善对地电容的不对称度后，变压器中性点对地电压一般不超过相电压的 1.5%。

52. 切换变压器中性点隔离开关应怎样操作？

答：切换原则是保证电网不失去接地点，采用先合后拉的操作方法：

（1）合上备用接地点的隔离开关。

（2）拉开工作接地点的隔离开关。

（3）将零序保护切换到中性点接地的变压器上去。

53. 什么时候不允许调整变压器有载调压装置的分接头？

答：碰到下列情况时，不许调整变压器有载装置的分接头：

（1）变压器过负荷运行时（特殊情况除外）。

（2）有载调压装置的瓦斯保护频繁出线信号时。

（3）有载调压装置的油标中无油位时。

（4）调压次数超过规定时。

（5）调压装置的油箱温度低于 -40℃时。

（6）调压装置发生异常时。

54. 对于运行中的变压器，哪些情况下需要将重瓦斯改接信号？

答：对于运行中的变压器，需要将重瓦斯改接信号的情况如下：

（1）运行中进行滤油、加油及换硅胶时。

（2）需要打开放气或放油塞子、阀门、检查吸湿器、净油器、油流继电器、潜油泵或进行其他工作时。

（3）气体继电器及其回路进行检查时，保护回路有直流接地时，变压器严重漏油，可能造成误动的。

55. 母线操作的方法和注意事项有哪些？

答：母线操作的方法和注意事项有：

（1）备用母线的充电，有母联断路器时应使用母联断路器向母线充电。母联断路器的充电保护应在投入状态，必要时要将保护整定时间调整至零，这样，如果备用母线存在故障，可由母联断路器切除，防止扩大事故。

（2）在母线倒闸操作中，母联断路器的操作电源应拉开，防止母联断路器误跳闸，造成带负荷拉隔离开关的事故。

（3）一条母线的所有元件须倒至另一母线时，一般情况下是将一元件的隔离开关合于一母线后，随即拉开另一母线隔离开关。另一种是全部元件都合于运行母线之后，再将另一母线的所有隔离开关拉开。采用哪种方法要根据操动机构布置和规程规定决定。

（4）由于设备倒换至另一母线或母线上电压互感器停电，继电保护和自动装置的电压回路需要转换由另一电压互感器供电时，应注意勿使继电保护及自动装置因失去电压而误动。避免电压回路接触不良以及通过电压互感器二次向不带电母线反充电，而引起的电压回路熔断器熔断，造成继电保护误动作等情况。

（5）进行母线隔离开关操作时应注意对母差保护的影响，要根据母差保护运行规程作相应的变更。在倒母线操作过程中无特殊情况下，母差保护应在投入使用中。母线装有自动重合闸，倒母线后如有必要，重合闸方式也应相应改变。

（6）对于带有电感式电压互感器的母线，为避免断路器触头间的并联电容与电压互感器感抗形成串联谐振，母线停送电操作前将电压互感器隔离开关拉开或在电压互感器的二次回路内并（串）联适当电阻。

（7）进行母线倒闸操作，操作前要做好事故预想，防止因操作中出现如隔离开关支持绝缘子柱断裂等意外情况而引起事故的扩大。

56. 在倒母线结束前，拉母联断路器应注意什么？

答：（1）对要停电的母线再检查一次，确定设备已全部倒至运行母线上，防止因漏倒而引起停电事故。

（2）拉母线断路器前，检查母线断路器电流表应指示为零；拉母联断路器后，检查停电母线的电压表应指示为零。

（3）当母联断路器的断口（均压）电容 C 与母线电压互感器的电流 L 可能形成串联铁磁谐振时，要特别注意拉母联断路器的操作顺序：先拉电压互感器，后拉母线断路器。

57. 电压切换回路在安全方面应注意哪些问题？

答：在设计手动和自动电压切换回路时，都应有效地防止在切换过程中对一次侧停电的电压互感器进行反充电。电压互感器的二次反充电，可能会造成严重的人身和设备事故，为此，切换回路应采用线断开后接通的接线。在断开电压回路的同时，有关保护的正电源也应同时断开。

58. 电流互感器运行中为什么二次侧不准开路？

答：电流互感器正常运行中二次侧处于短路状态。若二次侧开路将产生以下危害：

（1）感应电势产生高压可达几千伏及以上，危及在二次回路上工作人员的安全，损坏二次设备。

（2）由于铁芯高度磁饱和、发热可损坏电流互感器二次绕组的绝缘。

59. 电压互感器运行中为什么二次侧不准短路？

答：电压互感器正常运行中二次侧接近开路状态，一般二次侧电压可达 100V，如果短路产生短路电流，造成熔断器熔断，影响表计指示，还可引起继电保护误动，若熔断器选用不当可能会损坏电压互感器二次绕组等。

60. 停用电压互感器时应注意哪些问题？

答：（1）防止电压互感器所接的保护装置和自动装置误动。

（2）电压互感器停用后，应取下二次熔断器，防止反充电。

61. 为什么 110kV 及以上电压互感器的一次侧不装设熔断器？

答：110kV 及以上电压互感器的一次侧不装设熔断器是因为 110kV 及以上电压互感器的结构采用单相串级式，绝缘强度大；另外 110kV 系统为中性点直接接地系统，电压互感器的各相不可能长期承受线电压运行，所以在一次侧不装设熔断器。

62. 自落熔丝或自合熔丝的操作规定是什么？

答：自落熔丝或自合熔丝操作规定如下：

（1）拉开时先拉开中间一相，合上时最后合中间一相。

（2）合上自合熔丝时先合上正用，后合上备用，再将自合投入。

（3）操作后应确认熔丝管已钩牢。

（4）更换配变熔丝元件时，应先拉开低压、高压闸刀或用负荷开断器，摘熔丝管须使用绝缘棒。

63. 使用负荷开断器规定按什么步骤进行？

答：使用负荷开断器规定按下列步骤进行：

（1）测量负荷。

（2）选择熔丝，应先测量实际负荷电流的大小，根据实际电流和变压器的容量选择合适的熔丝。

（3）将选择好的熔丝装入负荷开断器内。

（4）用绝缘棒将负荷开断器接在自落熔丝具上，使与自落熔丝并联（一般可只接两相）。

（5）拉开自落熔丝（此时负荷开断器内熔丝熔断、燃弧、并立即灭弧）。

（6）用绝缘棒取下负荷开断器。

64. 线路停送电操作的顺序是什么？

答：线路停电操作顺序是：断开线路两端断路器，断开线路侧隔离开关，拉开母线侧隔离开关，在线路上可能来电的各端合接地隔离开关或挂接地线。

线路送电操作顺序是：拉开线路各端接地隔离开关或拆除接地线，合上线路两端母线侧隔离开关及线路侧隔离开关，合上断路器。

操作时注意事项如下：

（1）停电前先将线路的负荷（包括T接负荷）倒由备用电源带。

（2）防止空载时线路末端电压升高至允许值以上。

（3）投入或切除空线路时，应避免电网电压产生过大波动。

（4）避免发电机在无负荷情况下投入空载线路产生自励磁。

65. 两系统的并列条件是什么？

答：两系统并列前应用同期装置测量它们的同期性——相序、频率及电压。并列条件是：

（1）相序必须相同。

（2）频率必须相等。

（3）电压差尽量小。110kV及以下系统电压差不得超过10%。

66. 两系统的解列条件是什么？

答：两系统解列时，解列点的功率交换应调整至最小；一般调整有功功率为零，使解列后两系统的频率和电压的变动在允许范围内。

67. 两台变压器并列运行的条件是什么？ 若某一条件不满足时并列运行会有何后果？

答：两台变压器并列运行的条件如下：

（1）接线组别相同。

（2）变压比相同（允许有 +0.5% 的差值）。

（3）短路电压相等（允许有 +10% 的差值）。

（4）容量比不超过 3∶1。

若接线组别不同时变压器并列运行，由于两台变压器一次侧电压是同相位的，其二次相对应的线电压有 30° 整数倍的相位差，从而在二次侧将出现一电压差，由于这一电压差，将会在并列运行的两台变压器回路内出现几倍于额定电流的环流，此环流会烧坏变压器。

若变压比不同时并列运行，变压器二次侧电压不等。当两台变压器空载时，二次侧回路同样会有电压差，因此也会形成环流。变压比相差大，产生的环流也会很大。负载运行时会影响变压器容量的合理利用，变压比小的一台变压器会加重负担。

若短路电压不等时并列运行，变压器二次侧不会有环流，但会影响两台变压器的负荷分配。由于负荷分配与短路电压的大小成反比，这样会使短路电压小的一台变压器承担重负荷，而另一台变压器没有充分利用。

68. “五防”闭锁是指哪些内容？

答：防止误分、误合断路器，防止带负荷拉合隔离开关，防止带电合接地闸刀（挂接地线），防止带接地闸刀（接地线）合闸，防止误入带电间隔。

69. 倒闸操作对解锁管理有哪些规定？

答：不准随意解除闭锁装置。

解锁工具（钥匙）应封存保管，所有操作人员和检修人员禁止擅自使用解锁工具（钥匙）。若遇特殊情况需解锁操作，应经运行管理部门防误装置专责人到现场核实无误并签字后，由运行人员报告当值调度员，方能使用解锁工具（钥匙）。

单人操作、检修人员在倒闸操作过程中禁止解锁。如需解锁，应待增派运行人员到现场，履行上述手续后处理。解锁工具（钥匙）使用后应及时封存。

70. 什么是误操作？ 误操作的类型有哪些？

答：误操作是电气值班人员在执行操作指令和其他业务工作时，由于思想麻痹，违反《国家电网公司电力安全工作规程》和现场运行规程有关规定，没有履行操作监护制度和正常操作程序，而错误进行的一种倒闸操作行为，误操作是违章工作的典型反映，是电力生产中恶性事故的总称。误操作往往造成人身伤亡、设备损坏和电网事故。

误操作的类型主要有误碰运行设备元件、误动保护触点、误投设备、误投退保护连接片、带负荷拉合隔离开关、带接地线合闸或带电装设接地线、误装拆或漏拆接地线以及其他步骤上的错误。

71. 操作中产生疑问时应怎样处理？

答：操作中如产生疑问，应立即停止操作，并向值班调度员或值班负责人报告，弄清问题后，再进行。不准擅自更改操作票。不准随意解除闭锁装置。

72. 操作中发生带负荷拉、合闸刀时如何处理？

答：分情况说明：

（1）带负荷误合闸刀时，即使已发现合错，也不准将闸刀再拉开。因为带负荷拉闸刀，将造成三相弧光短路事故。

（2）带负荷错拉闸刀时，在刀片刚离开固定触头时，便发生电弧，这时应立即合上，可以消除电弧，避免事故扩大。如闸刀已全部拉开，则不许将误拉的闸刀再合上。

73. 在正常操作过程中，如发生异常情况或发生误操作时，操作人员应怎么处理？

答：在正常操作过程中，如发生异常情况或发生误操作时，操作人员应立即停止操作，并报告发令人，当发生直接威胁人身或设备安全情况时，可先采取必要措施（如切断电源、灭火等），然后立即报告发令人。

74. 设备缺陷按照对电网运行的影响程度，一般分为哪三类？

答：设备缺陷按照对电网运行的影响程度，一般分为一般、严重和危急三类（见表1－3）。

表1－3　设备缺陷分类

分类	含义	处置要求
一般缺陷	电网设备在运行中发生了偏离运行标准的误差，尚未超过允许范围，在一定期限内对安全运行影响不大的缺陷	需停电处理的一般缺陷处理时限不超过一个例行试验检修周期，可不停电处理的一般缺陷处理时限原则上不超过3个月
严重缺陷	电网设备在运行中发生了偏离且超过运行标准允许范围的误差，对人身或设备有重要威胁，暂时尚能坚持允许，不及时处理有可能造成事故的缺陷	处理时限不超过1个月
危急缺陷	电网设备在运行中发生了偏离且超过运行标准允许范围的误差，支接威胁安全运行并需立即处理的缺陷，否则，随时可能造成设备损坏、人身伤亡、大面积停电、火灾等事故	处理时限不超过24h；发生危急缺陷后，应按流程立即通知所辖当值调度采取应急处理措施，相关部门和单位应在24h内完成消缺或采取限制其继续发展的临时措施

75. 什么是两票三制?

答：两票是指工作票、操作票。

三制是指交接班制、巡回检查制、设备定期试验与轮换制。

76. 编写操作票的注意事项有哪些?

答：编写操作票的注意事项如下：

（1）操作票编写要严密而明确，文字清晰，术语标准化、规范化，不得修改、倒项。

（2）设备必须使用双重名称，即设备名称和编号名称，缺一不可。

（3）为保证有关现场操作中协调配合，设备停、送电调度员必须编制统一步骤的操作票，各单位要按调度操作票编制各自操作票；各单位不能编写只符合本单位操作顺序而不符合电网操作顺序的操作票，更不允许按这类操作票进行操作。

（4）停电和送电的操作票应分别编制，不允许写在同一张操作票上。操作项目中的注意事项，应记在该项目之后，不得记在操作票最后的备注中。

（5）要积极推广使用行之有效的操作自动化技术，如计算机开操作票、智能防误闭锁、配电网自动化；运行人员要熟悉这些技术的内容、效果和依据，要了解这些技术的优缺点，做好必要的检查核对。

77. 写一份审核停役单注意事项。

答：审核停役申请书时需注意：

（1）检查有无申请主管签名、盖章，是计划工作还是临时工作，属临时工作还应看停役的必要性。

（2）停电、停役日期时间应以批难的日期时间为难。

（3）停电、停役时间是否矛盾，操作时间够否。

（4）工作内容与要求隔离和挂接地线的项目是否符合安全要求。

（5）考虑转移负荷方式（对操作中可能出现的问题和实联等也应考虑）。

（6）工作中有否相位变动的可能。

（7）安全措施需要有无要求其他设备停电。

（8）属于市调管辖许可的设备要向市调申请许可。

（9）与其他地调有关的应先与他们联系并取得同意。

（10）对施工后接线方式有变动的有无施工前后接线图。

（11）各变电站的站用电源、电压互感器电流、重合闸电源等有无受到影响。

（12）与已批准的停役单有否冲突。

（13）设备容量有增减时，应考虑主变压器、线路等设备是否允许及继电保护是否配合。

（14）对重要用户的可靠性是否加降低（双电源问题）。

（15）对消弧线圈设备的停役是否能满足补偿度的要求。

78. 什么情况下应抄录三相电流？

答：在以下情况下，应抄录三相电流：

（1）合上母联、分段开关后，拉开母联、分段开关前后。

（2）旁路代线路或主变压器，在合上旁路开关后。

（3）线路或主变压器由旁路代改为正常运行，在合上该开关后。

（4）解、合环操作时，有关回路的三相电流。

（5）主变压器投入时，主变压器各侧电流。

79. 什么情况下可不填写操作票？

答：可不填写操作票的情况如下：

（1）事故应急处理。

（2）拉合断路器的单一操作。

（3）拉开或拆除全站（厂）唯一的一组接地隔离开关或接地线。

（4）上述工作在完成后应做好记录，事故应急处理应保存原始记录。

80. 什么是调度指令？ 调度指令有哪几种形式？ 分别是什么？

答：调度指令是指上级值班调度人员对调度系统下级值班人员发布的必须强制执行的决定，也叫作调度命令。它包括值班调度人员有权发布的一切正常操作、调整和事故处理的指令。

调度操作指令形式有单项指令、逐项指令和综合指令。

单项指令是指调度员只对一个单位，只发布一项指令，由下级调度或现场运行人员来完成后汇报调度的调度指令。

逐项指令是指调度员逐项下达操作指令，受令单位按指令的顺序逐项执行的指令。一般涉及两个及以上单位的操作，调度员必须事先按操作原则编写操作票。操作时由调度员逐项下达操作指令，现场按指令逐项操作完后汇报调度。

综合指令是指一个操作任务只涉及一个单位的操作，调度员只发给操作任务，由现场运行人员自行操作，在得到调度员允许之后即可开始操作，完毕后再向调度员汇报。

81. 调度指令下达分哪两种形式？ 操作任务有哪两种形式？

答：调度操作指令下达分口头和书面两种方式。操作任务有综合操作和逐项操作两种形式。

82. 调度员在下达调度指令时应注意哪些问题？

答：调度员在下达调度指令时，应注意以下问题：

（1）在发布和接收操作指令时，必须互报单位、姓名，严格执行发令、复诵、录音、汇报和记录制度，并使用统一的调度术语、操作术语和设备双重名称。

（2）调度员在预发、审核、正式发令执行操作任务票前，均应明确操作目的，核对系统模拟图（及调度员实时系统上的电气接线图）、核对设备停电申请批复单、核对现场实际情况，征求操作意见，以确保其正确性。

（3）计划停送电操作，应采用书面形式，由调度提前一值预先填写操作任务票，并审核正确后预发。预发时应讲清操作目的和内容、预告操作时间，由运行值班员预先填写、审核倒闸操作票。

（4）事故处理、电网及设备紧急情况下的停送电操作或属单项综合操作时，调度可采用口头指令方式下达，正常操作一般不得发布口头指令。如因其他特殊原因发布口令时，应向运行人员说明，并填写倒闸操作票。

（5）调度预发操作任务票，可采用电话传真、计算机网络远传等方式下达，但现场接令值班员在接到任务票后，应再打印出的原始件上签名并向调度电话复诵无误，保存并做好相关记录。

83. 什么是复诵制度？ 为什么要严格贯彻复诵制度？

答：所谓复诵制度就是指调度员发布执行操作的指令或现场运行人员汇报执行操作的结果时对方均应重复一遍，未听清楚不能操作。严格贯彻复诵制度可以及时纠正由于听错而造成的误操作。

84. 许可工作结束后，应汇报哪些内容？

答：许可工作结束后，应汇报如下内容：

（1）工作是否全部完成。

（2）工作地点的所有工作接地线是否已经拆除。

（3）人员是否撤离。

（4）设备有无变动（包括一、二次接线有无变动）。

（5）是否还存在缺陷。

（6）相位是否变动。

（7）试验结果是否合格。

（8）继电保护及安全自动装置的整定有无变化，保护压板的使用位置。

85. 电网调度自动化 SCADA 系统的作用是什么？

答：调度中心采集到的电网信息必须经过应用软件的处理，才能最终以各种方式服务于调度生产。在应用软件的支持下，调度员才能监视到电网的运行状况，才能迅速有效地分析电网运行的安全与经济水平，才能迅速完成事故情况下的判断、决策，才能对远方厂、站实施有效的遥控和遥调。

目前，国内调度运行中SCADA系统已经使用的基本功能和作用为：①数据采集与传输；②安全监视、控制与告警；③制表打印；④特殊运算；⑤事故追忆。

86. SCADA告警信息的分类是什么？

答：变电站运行工况反映于集中监控系统的告警信息，根据对电网直接影响的轻重缓急，又可分为事故、异常、越线、变位、告知五类，实现分类显示，见表1－4。

表1－4　SCADA告警信息分类

分类	含义	监视内容	监视要求	处理原则
事故信息	由于电网故障、设备故障等，引起断路器跳闸（包含非人工操作的跳闸）、保护装置动作出口跳合闸的信号以及影响到全站安全运行的其他信号	（1）全站事故总信息； （2）单元事故总信息； （3）各类保护、安全自动装置动作信息； （4）断路器异常变位信息	实时	（1）收集信息并按照有关规定立即向相关调度汇报，通知运维单位检查，做好记录； （2）按照调度指令进行事故处理，并监视相关变电站运行工况； （3）处置结束后，与现场核对运行方式，整理记录并填写事故分析报告
异常信息	反映有关设备非正常运行状态的各类种型号（按间隔或元件归并）	（1）一次设备异常告警信号； （2）保护装置异常告警信号（按双重化保护分列）； （3）二次回路异常告警信号； （4）自动化设备异常告警信号； （5）公用设备（设备监控信号、技防信号）、保护子战、辅助设备（故障录波仪、直流系统、消防、GPS、站用电、温度）等设备异常告警信号	实时	（1）手机异常信息，进行初步判断，通知运维单位检查处理，必要时汇报相关调度； （2）运维单位向监控值班人员汇报现场检查结果及异常处理措施。如异常处理设计电网运行方式改变，运维单位可之间向相关调度汇报，同时告知监控员； （3）处置结束后，监控值班人员应确认异常信息已复归，并做好异常信息处置的相关记录
越限信息	反映重要遥测量超出报警上下限区间的信息	指遥测量越限信号，包括电流、电压、有功、无功、温度越限等。可分为单一元件越限信息、断面越限信息两类	实时	（1）收集越限信息后，应汇报相关调度，并根据情况通知运维单位进行检查处理； （2）收集到变电站母线电压越限信息后，应检查自动电压控制（AVC）系统是否允许正常，如无法将电压调整至控制范围内，应及时汇报相关调度
变位信息	直接反映电网运行方式的改变	断路器类设备状态改变的信息（断路器分合闸，重合闸软压板的投退等）	实时	收集到变位信息后，应确认设备变位情况是否正常。如变位信息异常，应根据情况参照事故信息或异常信息进行处置

续表

分类	含义	监视内容	监视要求	处理原则
告知信息	反映设备运行情况、状态监测的一般信息	主要包括隔离开关、接地开关位置信号，主变压器运行挡位以及设备正常操作时的伴生信号（如故障录波器、收发信机的启动、异常消失信号，测量装置就地/远方信息等）	定期查看	由运维单位负责，对未复归的信号应及时检查原因

87. 按照监视要求的不同，将设备集中监视分为哪三种？

答：按照监视要求的不同，将设备集中监视分为全面监视、正常监视和特殊监视。

全面监视是指对所有受控变电站进行全面的巡视检查，500kV 变电站每值两次，200kV 变电站每值至少一次。

正常监视是指监控员值班期间对变电站设备事故、异常、越限、变位信息及输变电设备状态在线监测告警信息进行不间断监视。

特殊监视是指在某些特殊情况下，监控员对变电站设备采取的加强监视措施，如增加监视频度、定期查阅相关数据、对相关设备或变电站进行固定画面监视等，并做好事故预想及各项应急准备工作。

88. “四遥”的含义是什么？

答：“四遥”包含遥信、遥测、遥控、遥调。

（1）遥信即远程信号，应用远程通信技术完成对设备状态信息的监视。

（2）遥测即远程测量，应用远程通信技术传输被测变量的测量值。

（3）遥控即远程命令，应用远程通信技术完成改变运行设备状态的命令。

（4）遥调即远程调节，应用远程通信技术对具有两个及以上状态的运行设备进行控制的远程命令。

89. 具备监控远方操作条件的前提下，原则上哪些断路器操作应由调控机构远方执行？

答：以下情况应由调控机构进行远程遥控操作：

（1）一次设备计划停、送电操作。

（2）故障停运线路远方试送操作。

（3）无功设备投、切及变压器有载调压开关操作。

（4）负荷倒供、解合环等方式调整操作。

（5）小电流接地系统查找接地时的线路试停操作。

（6）其他按调度紧急处置措施要求的断路器操作。

90. 遥控操作失败时，应怎样处理？

答：遥控操作时如第一次失败，在检查确认无异常情况后，可进行第二次遥控操作，仍然操作失败时，遥控操作人必须退出遥控操作界面，安排有关操作人员赴现场操作，做好遥控失败记录，并作为严重缺陷通知相关部门处理。

91. 哪些情况下，严禁进行断路器监控远方操作？

答：以下情况，严禁进行断路器监控远方操作：

（1）断路器未通过遥控验收。

（2）断路器正在进行检修。

（3）集中监控功能（系统）异常影响断路器遥控操作。

（4）二次设备出现影响断路器遥控操作的异常告警信息。

（5）未经批准的断路器远方遥控传动试验。

（6）不具备远方同期合闸操作条件的同期合闸。

（7）运维单位明确断路器不具备远方操作条件。

92. 系统电压的含义是什么？

答：系统电压是电网运行的一相重要指标，即电力系统各点的电压值。电力系统各级电压质量对电网的安全、稳定、经济运行和用户产品质量等有直接的影响。电压过低易引起系统失稳，且增加系统损耗；电压过高容易加速设备老化，增加闪络故障发生率；而电压过高、过低均会对用户的正常用电产生影响，因而电网各运行单位必须实时关注监测点电压是否合格。

93. 系统电压的调整原则是什么？

答：电网的调压原则主要有逆调压、顺调压、常调压三种。逆调压的概念就是高峰负荷时升高系统中枢点电压，尽量贴近电压曲线上限运行，低谷负荷时降低中枢点电压，尽量贴近电压曲线下限运行；而顺调压则反之；常调压则指全天电压按恒定目标调节。

94. 正常运行电压的范围是什么？

答：电网发电厂及500kV变电站220kV母线正常运行电压允许偏差为系统额定电压的0%～+10%，事故运行电压允许偏差为系统额定电压的－5%～+10%。其他变电站220kV母线正常运行电压允许偏差为系统额定电压的－3%～+7%，事故运行电压允许偏差为系统额定电压的－10%～+10%。

发电厂和220kV变电站的额110、35kV母线正常运行方式时，电压允许偏差为系统额定电压的－3%～+7%；事故运行方式时为系统额定电压的－10%～+10%。

带地区供电负荷的变电站和发电厂直属的 10（6）kV 母线电压正常运行方式下的电压允许偏差为系统额定电压的 0% ~ +7%。

95. 电力系统过电压分几类？其产生原因及特点是什么？

答：电力系统过电压主要分以下几种类型：大气过电压、工频过电压、操作过电压、谐振过电压。

产生的原因及特点是：

（1）大气过电压：由直击雷引起，特点是持续时间短暂，冲击性强，与雷击活动强度有直接关系，与设备电压等级无关。因此，220kV 以下系统的绝缘水平往往由防止大气过电压决定。

（2）工频过电压：由长线路的电容效应及电网运行方式的突然改变引起，特点是持续时间长，过电压倍数不高，一般对设备绝缘危险性不大，但在超高压、远距离输电确定绝缘水平时起重要作用。

（3）操作过电压：由电网内断路器操作引起，特点是具有随机性，但最不利情况下过电压倍数较高。因此 30kV 及以上超高压系统的绝缘水平往往由防止操作过电压决定。

（4）谐振过电压：由系统电容及电感回路组成谐振回路时引起，特点是过电压倍数高、持续时间长。

96. 哪些情况下容易发生操作过电压?

答：有以下三种情况易发生操作过电压：

（1）切、合电容器组或空载长线路。

（2）断开空载变压器、电抗器、消弧线圈及同步电动机等。

（3）在中性点不接地系统中，一相接地后，产生间歇式电弧等。

97. 提高电力系统电压质量主要措施是什么?

答：提高电力系统电压质量的主要措施如下：

（1）在电力系统中，合理调整潮流分布，使有功功率、无功功率平衡（电源与负载）；在枢纽变电站装设适当的无功补偿设备，能维持电压的正常，减少线损。

（2）提高输电的功率因素；同时在用户供电系统应装有足够的静电电容补偿容量，改变网络无功分布实现调压。

（3）在电网中装设适量的电抗器，特别是电力电缆较多的网络，在低谷时会出现电压偏高，应投入电抗器吸收无功功率以降低电压。

98. 简述母线操作。

答：（1）母线冷倒方法。母线冷倒一般情况下适用于母线故障后的倒母线方式，具体方法为：

1）拉开断路器。

2）拉开故障母线侧隔离开关。

3）合上运行母线侧隔离开关。

4）合上断路器。

如图1－1所示，拉开253断路器，拉开2531隔离开关，合上2532隔离开关，合上253断路器。

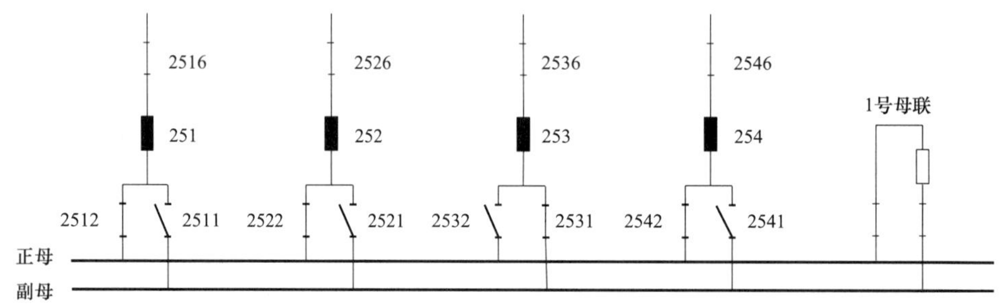

图1－1　倒母线图示

（2）母线热倒方法。母线热倒是正常情况下的母线倒闸操作方式，即线路或主变压器不停电的倒母线方式，具体方式为：

1）合上母联断路器，将母联断路器改为非自动。

2）合上母线侧隔离开关。

3）拉开另一母线侧隔离开关。

4）将母联断路器改为自动，拉开母联断路器。

如图1－1所示，合上1号母联断路器，将1号母联断路器改为非自动，合上正母侧2532隔离开关，拉开副母侧2531隔离开关，将1号母联断路器改为自动，拉开1号母联断路器。

99. 简述变压器停役操作。

答：变压器停役操作中，会涉及变压器中性点的操作方法：

（1）中性点直接接地系统中的变压器充电或停电时，其中性点接地开关应合上，否则操作过电压可能损坏变压器。调度要求中性点不接地运行的变压器，在投入系统后拉开中性点接地刀闸。

（2）变压器中性点倒换的时候，要确保电网不失去接地点，采用先合后拉的操作方法。

（3）数台变压器并列运行，正常时只允许一台变压器中性点直接接地，在操作变压器时，应始终至少保持原有的中性点直接接地个数。

（4）数台变压器并列于不同的母线上运行时，则每条母线至少需由一台变压器中性点直接接地，以防止母联断路器跳闸后使某条母线成为不接地系统。

（5）变压器低压侧由电源，则变压器中性点必须直接接地，以防止高压侧断路器跳闸后，变压器成为中性点绝缘系统。

（6）带全电压的变压器，当某侧断路器（开关）断开运行时，若该侧原接于中性点直接接地系统，则中性点必须接地。

如图1－2所示，220kV主变压器停役操作顺序为：

（1）许可1号主变压器停，始。

（2）停役35kV二/三分段自切。

（3）35kV二/三分段从热备用改为运行。

（4）1号主变压器35kV二段从运行改为冷备用。

（5）停役35kV一/四分段自切。

（6）35kV一/四分段从热备用改为运行。

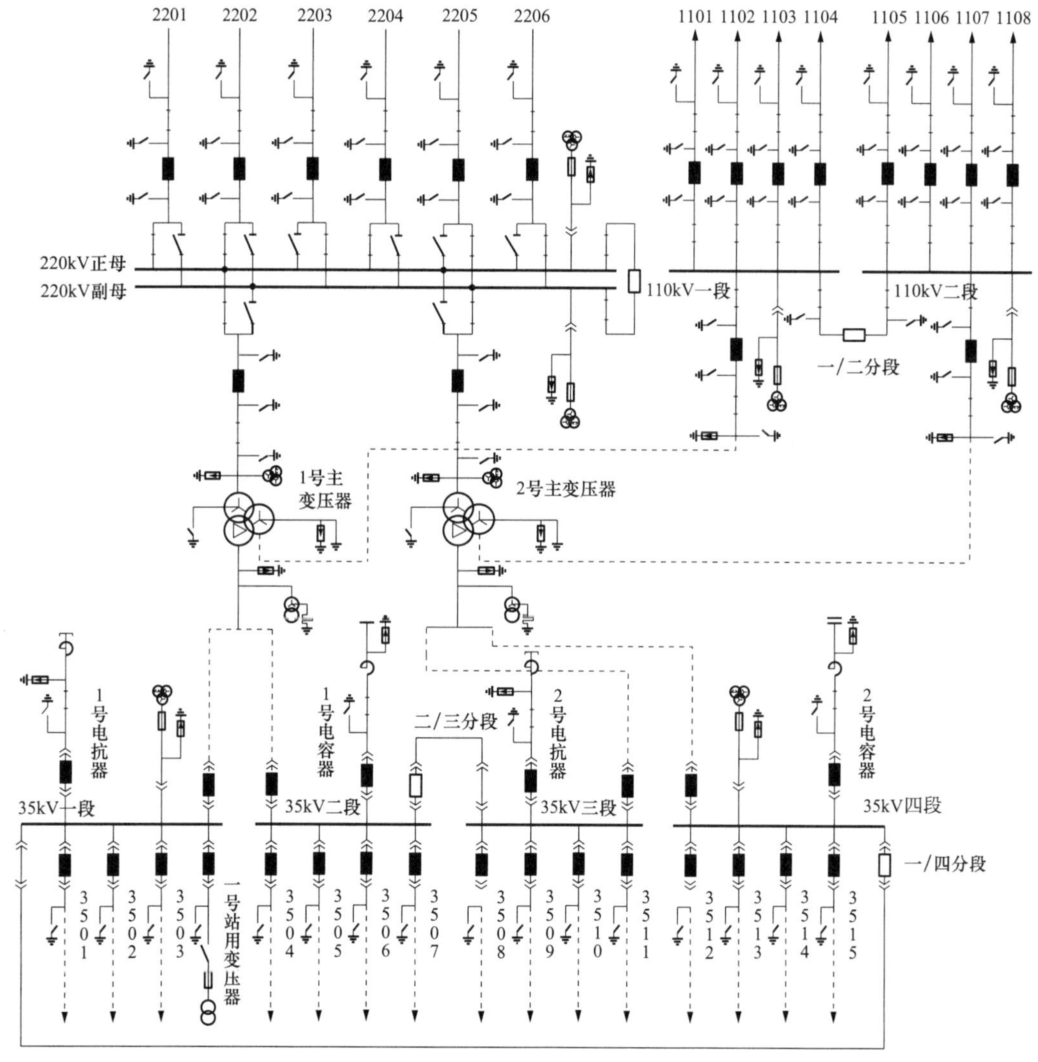

图1－2　变电站接线示意图

（7）1 号主变压器 35kV 一段从运行改为冷备用。

（8）停用 110kV 分段自切。

（9）110kV 分段从热备用改为运行。

（10）1 号主变压器 110kV 从运行改为冷备用。

（11）合上 2 号主变压器 220kV 中性点接地闸刀。

（12）1 号主变压器 220kV 从正母运行改为冷备用。

（13）汇报 1 号主变压器停，毕。

100. 简述线路送电操作。

答：线路送电操作主要操作步骤如下：

（1）拉开受电端线路接地开关。

（2）将送电端改为运行。

（3）恢复受电端站的正常方式。

如图 1－3 所示，A 站为电源站，其 21 出线送 B 站 10kV 一段母线，B 站为受电站，21、31 为电源进线，具体如下：B 站将 21 线路接地开关拉开，A 站将 21 线路接地开关拉开，将 21 断路器从冷备用改为运行，对线路充电，充电正常后将 B 站 21 断路器改为运行，10kV 分段改为热备用，用上 10kV 自切，恢复正常方式。

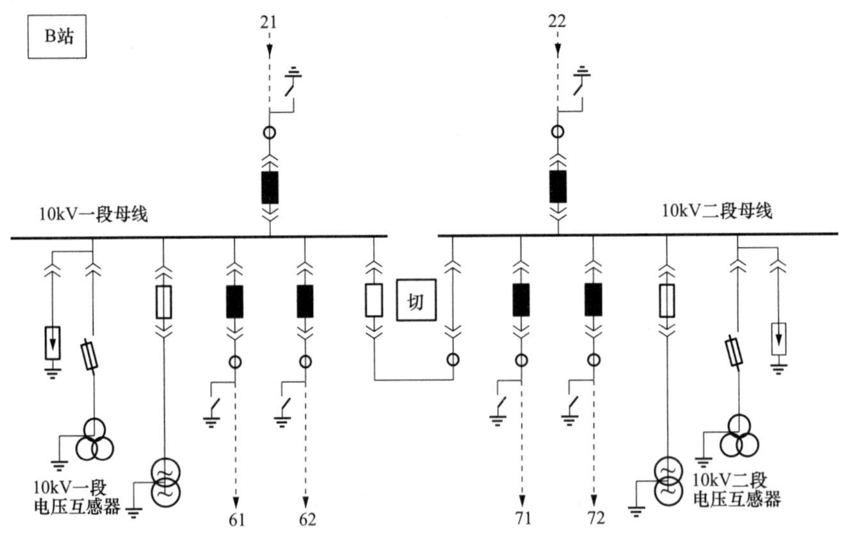

图 1－3　开关站图示

2 新设备启动

2.1 基础部分

1. 什么情况应办理新设备投运申请手续?

答:以下情况应办理新设备投入运行申请手续,并报调控机构:

(1)新接入系统运行设备(包括新建、扩建、改建)。

(2)改变系统主接线或变更高压设备安装地点。

(3)新装高压电力客户或原有高压电力客户增容、扩建或改变电源。

(4)已经退役的设备重新恢复运行。

2. 新设备投入运行的申请在时间上有何要求?

答:申请新设备投入运行应符合以下时间要求:

(1)新设备投入运行的申请,一般工程如不影响用户停电的,可于投运前10天提出。

(2)影响用户停电的,应于停运前20天提出。

(3)大型工程应于投运前一个月提出。

3. 简述新设备调度启动程序。

答:新设备调度启动程序如下:

(1)第一阶段——资料收集:系统运行专业接到新设备投产申请后启动该流程,并由调度运行控制、计划、水电新能源、通信、自动化等专业负责人分配本专业工作、资料收集和审查。通过参加启动会,各专业提出相关意见和要求,向有关单位反馈意见并安排下一步工作,确定调度范围、设备命名及编号,并由中心领导审批(见图2-1)。

(2)第二阶段——下发调度编号、方式保护计算、确定通信方式:审批通过后,由系统运行专业下发调度范围、设备命名及编号,并由调度运行控制、继电保护、计划、

图2-1　新设备启动第一阶段

水电新能源、通信、自动化等各专业负责人分配本专业工作。系统运行专业提供安置装置的命名、联调方案审查。继电保护专业提交通道需求，整定相关定值。通信专业接受各通道寻求，下达通道方式。其他各专业接受发文，开展工作（见图2-2）。

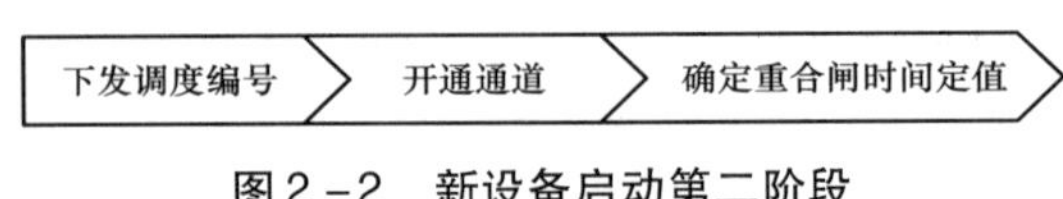

图2-2　新设备启动第二阶段

（3）第三阶段——编制启动调试调度方案、方式发文、下达定值：以上工作完成后开始编制调试调度方案，包括了安置装置策略计算、定值下发、定值整定以及稳定极限的计算和下发等（见图2-3）。

编制调试调度方案 → 下发安全自动定值 → 下发稳定极限

图2-3　新设备启动第三阶段

（4）第四阶段——审批启动调试调度方案、编制运行、设备联调、发布接线图规定：启动调试调度方案审批通过后，各专业参加投运前启动会，并开展设备联调工作。由系统运行、保护等专业方式、保护运行规定，提交领导审批后发文（见图2-4）。

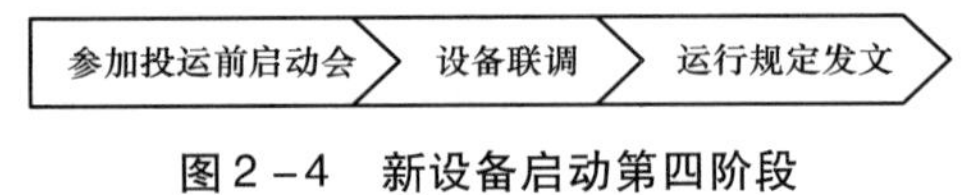

图2-4　新设备启动第四阶段

（5）第五阶段——审批调度方案、上报实测参数：由各专业审批调度方案，确认投产条件，专责负责跟踪新设备投产，并由各专业编写投产总结，收集实测参数（见图2-5）。

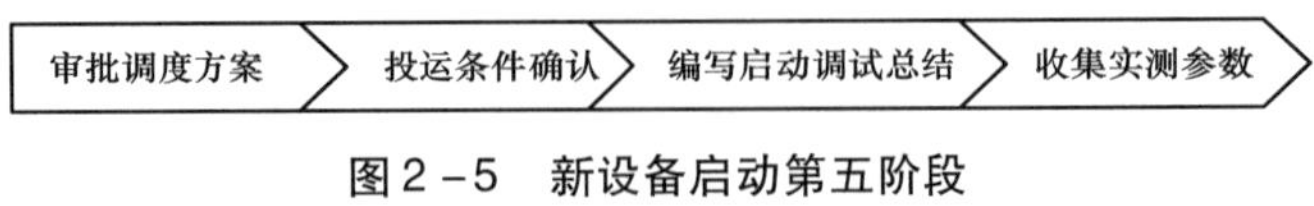

图2-5　新设备启动第五阶段

4. 新设备启动流程管理上有哪些要求？

答：新设备启动流程管理上有如下要求：

（1）新设备投入运行前，应经有关人员验收合格，质量符合安全运行要求。110kV及35kV输变电工程由供电公司主持验收启动工作，有关调度机构应参加验收启动工作。

（2）变电站断路器遥控操作投入运行前，除进行必要的检查、检验、调试以外，还应经过特定的审批程序，批准后方可正式实施。

（3）新设备竣工移交设备运行主管单位后，主管单位应指定专人向有关调度机构汇报，并办理新设备投入运行申请和联系启动工作。

5. 新设备投运前，哪些部门应向调控机构报送材料？

答：新设备投运前，以下部门应向调控机构报送材料：

（1）新建、改建、业扩等工程，在完成施工设计后，工程管理部门应将设计书全份一套送有关调度机构，其内容包括一/二次接线图、一/二次设备安装图、总平面图、线路走向图等。工程竣工后，新设备主管单位将竣工图纸全份两套送有关调度机构。

（2）配电网设备新建、改建、业扩等工程投产前，应由运检部门提前向调控机构报送投产资料，资料应包括设备的相关参数、设备异动的电气连接关系等内容。

（3）业扩报装工程投产前，应由营销部门提前向调控机构报送投产资料，资料应包括设备的相关参数、设备异动的电气连接关系等内容。

6. 新建、扩建输配电设备，设备主管单位应在投运前一个月向调度机构提供哪些资料？

答：建、扩建输配电设备，应由设备主管单位在投运前一个月（特殊情况除外）向有关调度机构提供下列资料：

（1）设备规范、参数。

（2）设备运行限额及事故过载规定。

（3）电系接线图（包括施工前后电系接线图）及变电站平面布置图。

（4）继电保护及安全自动装置原理图（或展开图）及配置（包括设计、制造厂图纸资料），盘面图，交、直流操作回路图及电压互感器二次回路接线图。

（5）线路走向图及线路交叉、跨越、合杆情况。

（6）现场运行规程，现场事故处理规程。

（7）运行操作注意事项及典型操作票。

（8）经批准的运行值班人员名单。

（9）110kV 及以上线路的实测参数。

（10）设备的中文说明、使用方法及操作手册。

7. 35kV 及以上新设备启动方案的拟订有什么要求？

答：35kV 及以上新设备启动方案的拟订，应由工程主管部门于预定启动日期 10 个工作日前召集有关单位召开启动准备会议，讨论和确定启动日期、启动范围、启动试验要求、启动时电系运行方式、启动步骤、启动人员组织及启动操作分工等事项。输变电工程的启动方案由地调负责拟写，供电公司相关领导批准后，有关调度应根据启动方案拟写启动操作票。

8. 新建变电站投运前应具备哪些条件?

答：新建变电站投运前必须具备下列条件：

（1）设备（含继电保护、通信、自动化设备）验收已结束，质量符合安全运行要求。

（2）规定的资料已全部送交有关调度机构（如需要在启动过程中测量参数者，应在投入运行的申请书中说明）。

（3）生产准备工作已经就绪（包括运行人员的培训考试合格，现场图纸、规程、制度、典型操作票、各项记录等均已齐全）。

（4）新设备应通过质监检查，现场具备启动条件，有关设备已移交生产单位。

（5）调度通信、自动化设备良好，电话通畅，有关调度接收自动化信息情况良好。

（6）调度与110kV及以上变电站之间，已开通对讲专用直通电话，并有电信外线电话或系统内程控电话；调度与新建35kV及以下变电站，已开通系统内程控电话或电信外线电话。

（7）新建变电站自动化通道和调度自动化设备同时投产。

9. 发电厂、变电站母线上的新设备如何管理?

答：运行母线或新建发电厂、变电站母线上的备用仓内，新设备母线闸刀搭接上母线前，应先确定设备双重名称，明确调度范围；母线闸刀搭接上母线后，应汇报有关调度，该备用仓即属调度管辖设备。

10. 什么叫启动验收? 怎样进行启动验收?

答：启动验收是指线路投产送电前所进行的验收。在启动验收中主要检查竣工验收检查的项目是否齐全，验收检查中提出的问题是否妥善处理以及生产准备情况。35～110kV线路工程，由启动验收委员会主持验收检查。启动验收委员会由建设、运行、施工、调试、设计和调度等单位的有关人员组成。

11. 启动验收的主要任务有哪些?

答：验收的主要任务有：

（1）按照设计图纸、文件及施工及验收规程的要求，对整个工程进行面的检查验收，不遗漏任何一个部件。对验收中发现的问题，应作好记录，并提出处理意见。

（2）整理设计施工图纸，做到图纸齐全。

（3）整理和审查施工记录、试验记录、与有关单位签订的交叉跨越协议书及设计变更通知，做到资料齐全。

（4）检查生产准备工作完成情况。

12. 变电站断路器遥控操作投入运行前，除进行必要的检查、检验、调试以外，还应经过特定的审批程序，批准后方可正式实施。具体规定有哪些？

答：具体规定如下：

（1）各供电公司所属变电站由各供电公司内部批准，并报公司运检部、调控中心备案。

（2）检修公司所属的220kV变电站由检修公司总工或运行总工批准，并报公司运检部、调控中心备案。

新建、改扩建变电站投运时必须同步实施遥控操作功能，启动前应完成上述审批程序。

13. 新设备投运前，调度机构应做好哪些准备工作？

答：新设备投运前，有关调度机构应做好下列准备工作：

（1）确定、批准新设备的命名与编号。

（2）在启动日期20个工作日前明确调度管辖及许可范围的划分。

（3）确定新设备投运后的正常运行方式及检修停役方式，并做好事故预想。

（4）按新设备启动方案拟写和审核启动操作票。

（5）了解和熟悉现场设备情况、图纸资料、有关现场运行规程和运行说明，必要时请有关人员讲解。

（6）确定继电保护配置及整定方案。

（7）建立有关运行限额、资料和图纸专档。

（8）修正调度自动化系统画面及有关图表。

（9）修改PMS接线图。

（10）修改有关调控运行规定或说明。

14. 新设备启动时，一般用来作为系统总后备的保护有哪些？

答：新设备启动时，用来作为系统总后备的保护有短线保护、母联充电解列保护、临时过流保护、距离保护Ⅱ段时间改0秒等。

15. 简述新变电站启动应校验的保护和无负荷保护下校验保护的方法。

答：新变电站启动，应校验电源线线路保护、主变压器差动及后备保护、母线的母差保护、充电合闸保护、母线上附属设备的保护（如电容器、电抗器保护），以上保护均需带一定量的负荷方可校验；若条件允下，还应进行自切保护实切校验。

无负荷保护下，一般通过空充电缆的电容电流、环流法或分步校验法校验。

16. 变压器的启动原则是什么？

答：变压器启动应遵循如下原则：

（1）变压器第一次投运，应在额定电压下冲击合闸五次，第一次受电后，持续时间应不少于10min，冲击测电源宜选用外来电源。

（2）变压器大修后应冲击3次。

（3）110kV及以上变压器启动时，如有条件应采用零起升压。

（4）冲击过程中，新变压器各侧中性点均应直接接地，所有保护均应启动（气体保护在变压器冲击合闸前应投跳闸），方向元件短接退出。

（5）冲击新变压器时，保护定值应考虑变压器励磁涌流的影响，并有足够的灵敏度。

（6）变压器冲击合闸正常，有条件时应空载充电24h。

（7）冲击正常后，变压器中、低压侧必须核相，变压器保护、母差保护需做带负荷试验。

（8）变压器的有载调压装置，应于变压器投运时进行切换试验，试验正常后方可投入使用。

17. 为什么新安装或大修后的变压器在投入运行前要做冲击合闸试验？ 冲击合闸操作时应注意什么？

答：新安装或大修后的变压器在投入运行前要做冲击合闸试验，原因如下：

（1）检查变压器及其回路的绝缘是否存在弱点或缺陷。拉开空载变压器时，有可能产生操作过电压。在电力系统中性点不接地或经消弧绕组接地时，过电压幅值可达4～4.5倍相电压；在中性点直接接地时，过电压幅值可达3倍相电压。为了检验变压器绝缘强度能否承受全电压或操作过电压的作用，在变压器投入运行前，需做空载全电压冲击试验。若变压器及其回路有绝缘弱点，就会被操作过电压击穿而加以暴露。

（2）检查变压器差动保护是否误动。带电投入空载变压器时，会产生励磁涌流，其值可达6～8倍额定电流。励磁涌流开始衰减较快，一般经0.5～1s即可减到0.25～0.5倍额定电流，但全部衰减完毕时间较长，中小型变压器约几秒，大型变压器可达10～20s；故励磁涌流衰减初期，往往使差动保护误动，造成变压器不能投入。因此，空载冲击合闸时，在励磁涌流作用下，可对差动保护的接线、特性、定值进行实际检查，并作出该保护可否投入的评价和结论。

（3）考核变压器的机械强度。由于励磁涌流产生很大的电动力，为了考核变压器的机械强度，故需做空载冲击试验。

冲击合闸操作时的注意事项：按照规程规定，全电压空载冲击试验次数，新产品投入的，应连续冲击5次；大修后投入的，应连续冲击3次。每次冲击间隔时间不少于5min，操作前应派人到现场对变压器进行监视，检查变压器有无异音、异状，如有异常应立即停止操作。

18. 变压器正式投运时要做冲击试验，第一次受电后持续时间不小于 10min，为什么？

答：新安装变压器中隐藏的缺陷受到瞬时高电压冲击时不一定能暴露出来，需要新变持续受电一段时间，其中隐藏的缺陷方能暴露出来，所以第一次受电后需持续的时间不小于 10min。

19. 主变压器新装或大修后投入运行时，为什么有时气体继电器会频繁动作？遇到此类问题应怎样判断和处理？

答：新装或大修的变压器在加油、滤油时，会将空气带入变压器内部，若没有能够及时排出，则当变压器运行后油温逐渐上升，形成油的对流，将内部储存的空气逐渐排出，使气体继电器动作。气体继电器动作的次数，与变压器内部储存的气体多少有关。

遇到上述情况时，应根据变压器的音响、温度、油面以及加油、滤油工作情况作综合分析。如变压器运行正常，可判断为进入空气所致，否则应取气做点燃试验，判断变压器内部是否有故障。

20. 对新安装的变压器保护，送电时“差动保护投入”压板应如何操作？

答：对新安装的变压器保护，送电时差动保护操作方式如下：

（1）在对变压器进行充电时，应将差动保护投入，以检查差动保护躲励磁涌流的性能。

（2）变压器充电正常后，在带负荷前将差动保护退出，测试主变压器保护相量正确后再投入差动保护压板。

21. 为什么新投运的变压器需测差动不平衡电流？

答：主变压器新投、调换，它的差动回路接线可能有变动，为了保证差动保护动作准确，所以要测差动不平衡电流。

22. 新变压器投产时应注意哪些事项？

答：新变压器投产时应注意如下问题：

（1）充电前核实主变压器分接头置于档位。

（2）主变压器低压侧电容、电抗器进行投切试验前，应将低压侧母线电压控制在允许范围内。如电流足够，则进行相关保护测试工作。

23. 架空线的启动原则是什么？

答：架空线启动应遵循如下原则：

（1）110kV及以上线路，有条件时应采用零起升压。

（2）用老断路器以额定电压对线路冲击合闸三次，冲击侧应有可靠的两级保护。

（3）110kV及以上线路，应测定线路参数（绝缘电阻、直流电阻、正序、零序阻抗、零序电容、互感）。

（4）冲击正常后必须做核相试验。

（5）新线路两侧的保护及母差保护需做带负荷试验。

24. 新线路的冲击方式主要有哪些？

答：新线路的冲击方式主要有：

（1）零起升压。

（2）冲击侧母联开关与线路开关串供，启用母联长充电保护和线路保护。

25. 新线路送电进行全电压冲击合闸的目的是什么？

答：新线路送电时需进行全电压冲击合闸，其目的是利用操作过电压来检验线路的绝缘水平。

26. 为什么需要对新线路核相？ 核相时应注意什么？

答：对于新投产的线路或更改后的线路，必须进行相位、相序核对，若相位或相序不同的交流电源并列或合环，将产生很大的电流，巨大的电流会造成发电机或电气设备的损坏，因此需要核相。

核相时，为了正确的并列，不但要求一次相序和相位正确，还要求二次相位和相序正确，否则也会发生非同期并列。

27. 新线路投产时有何注意事项？

答：新线路投产时应注意如下问题：

（1）线路投产时若待投产的断路器为“老开关、老保护”，则可用该断路器对线路充电；若为“新开关、新保护”，则需要调整运行方式和保护。需要注意的是，运行方式调整后可能出现的单母线运行、母线保护停用等薄弱点。

（2）在保护测试前，线路合环时由于没有停用线路纵联保护有发生误动的可能，对系统产生较大影响，需针对上述情况制定相应的控制措施。

28. 电缆的启动原则是什么？

答：电缆启动应遵循如下原则：

（1）直流耐压试验。

（2）测量缆芯的完整。

（3）电缆芯的定相。

(4) 110kV 及以上电缆线路，应测定参数（直流电阻、电容、正序、零序阻抗）。

(5) 110kV 及以上电缆线路启动后，有条件时应空载充电 24h。

29. 断路器的启动原则是什么？

答：断路器启动应遵循如下原则：

(1) 有条件时应采用发电机零起升压。

(2) 无零起升压条件时，用外来电源（无条件时可用本侧电源）对断路器冲击一次，冲击侧应有可靠的一级保护，新断路器非冲击侧与系统应有明显断开点，母差 TA 或母差保护应做相应调整。

(3) 必要时需对断路器相关保护做带负荷试验。

(4) 新线路断路器需先行启动时，可将该断路器的出线搭头拆开，使该断路器作为母线或馈线断路器运行，做带负荷试验。

30. 新断路器的冲击方式主要有哪些？

答：新断路器的冲击方式主要有：

(1) 零起升压。

(2) 用外来电源冲击。

(3) 用母联开关冲击。

(4) 用本侧旁路开关冲击。

(5) 用本侧出线开关冲击。

31. 新断路器带负荷试验主要有哪些方式？

答：新断路器带负荷试验主要有以下方式：

(1) 采用与母联串供方式。

(2) 作为终端方式（馈供主变压器或终端变电站）。

(3) 如新断路器所在母线无负荷，作为系统环路做带负荷试验（如新厂站投运）。

(4) 如新断路器需先投运（线路、主变压器不同时投运），采用该断路器出线搭头拆开，该断路器作为母联、旁路或受电侧断路器做带负荷试验。

32. 母线的启动原则是什么？

答：母线启动应遵循如下原则：

(1) 有条件时应采用发电机零起升压，正常后用外来或本侧电源对新母线冲击一次，冲击侧应有可靠的一级保护。

(2) 无零起升压条件时，用外来（或本侧）电源对母线冲击一次，冲击侧应有可靠的一级保护。

(3) 冲击正常后新母线电压互感器必须做核相试验，母差保护需做带负荷试验。

（4）老母线扩建延长，宜采用母联（分段）开关充电保护对新母线进行冲击。

33. 变电站母线满足什么要求时方可投运？

答：当母线满足以下要求时才能投运：

（1）满足最大负荷工作电流及短路热稳定、动稳定要求，并校验合格。

（2）母线电晕、电压校验应合格。

（3）对于母线长、容量大、年平均负荷高的母线应按最佳电流密度进行选择。

（4）各触点应连接牢固，温度不超过允许值。

34. 新母线投产时有何注意事项？

答：新母线投产时应注意如下问题：

（1）母线投产时，需核相正确，电压互感器二次侧负荷切换正确；

（2）母线保护需做带负荷测试的，线路合环前应停用母线保护，并应尽量缩短母线保护停用时间。若按规程要求未停用的、有发生误动可能，引起母线保护动作，导致运行设备跳闸，需针对上述情况制定相应控制措施。

35. 母差保护装置更换后启动的一般流程和注意事项有哪些？

答：母差保护装置更换后启动的一般流程及注意事项如下：

（1）所有断路器间隔均需有电流，可以一次或多次带负荷试验。

（2）先做现方式下的母差保护试验。

（3）试验正确后，用旁路开关代某一断路器（必须与旁路开关运行在同一母线，被代开关改为热备用），再做母差保护试验。

（4）试验正确后根据实际情况需要，做母差保护切换试验（微机母差一般不需一次配合倒排，仅在 TA 二次做切换试验）。

（5）如有充电线路，则需调整方式，使该线路带一定的负荷。

36. 母差保护中母联充电保护如何应用？

答：母联充电保护的应用说明见表 2－1。

表 2－1　　母联充电保护的应用说明

<table>
<tr><th>命名</th><th>母联操作方式</th><th>动作特性</th><th>使用范围</th><th>说明</th></tr>
<tr><td rowspan="2">母联长充电保护</td><td rowspan="2">用控制屏上母联 KK 操作开关</td><td>接通母联充电保护压板，瞬时动作跳母联开关</td><td>新断路器、新线路、新母线启动</td><td rowspan="2">母差保护不退出运行</td></tr>
<tr><td>接通母联充电保护压板，带延时动作跳母联开关</td><td>新主变压器启动</td></tr>
</table>

续表

命名	母联操作方式	动作特性	使用范围	说明
母联短充电保护	母差保护屏中母联开关合闸按钮	接通母联充电保护压板，当合闸按钮按下，母联开关合上的同时仅短时（0.35s）投入母联充电保护，动作后瞬时跳母联开关	母线检修复役、充电等	母差保护短时退出 0.35s 左右自动投运

37. 用母联开关实现串供方式对新投运的线路和主变压器充电时，分别有哪些注意事项？

答：用母联开关实现串供方式对新投运的线路充电时，母线差动保护投信号，启用母联开关长充电保护或母联开关电流保护。用母联开关实现串供方式对主变压器充电时，应避免直接用母联开关对其充电；如必须用母联开关对主变压器直接充电，此时应将母线差动保护投信号或停用，启用母联开关电流保护。

38. 当母线差动保护启用时，必须启用母联开关的短充电保护对空母线充电，为什么？

答：当母线差动保护起用时，必须起用母联开关的短充电保护对空母线充电，因为母联开关断开时辅助接点自动将母联开关电流不计入差回路，当母联开关合上时辅助接点有可能滞后打开而导致母线差动保护误动，短充电保护可短时闭锁母线差动保护。

39. 电流互感器的启动原则是什么？

答：电流互感器启动应遵循如下原则：

（1）电流互感器启动优先考虑用外来电源冲击一次，冲击侧应有可靠的一级保护，新电流互感器非冲击侧与系统应有明显断开点。

（2）若用本侧母联（分段）断路器对新电流互感器冲击一次时，应启用母联（分段）充电保护。

（3）冲击正常后，新电压互感器二次侧必须核相，相关保护需做带负荷试验。

40. 电压互感器的启动原则是什么？

答：电压互感器启动应遵循如下原则：

（1）优先考虑用外来电源对新电压互感器冲击一次，冲击侧应有可靠的一级保护；

（2）若用本侧母联开关对新电压互感器冲击一次时，应启用母联充电保护；

（3）冲击正常后，新电压互感器二次侧必须核相。

41. 电磁式电压互感器投产时有何注意事项？

答：电磁式电压互感器投产时应注意停、送电顺序，防止谐振过电压。

42. 新设备启动时，“可靠保护”的定义是什么？

答：新设备启动时，可靠保护的定义如下：

（1）已经投运的并具有全线灵敏度的距离、方向零序保护（含两者组合）及相差高频保护，可视为一级可靠保护。

（2）母联长充电保护可视为一级可靠保护。

（3）部分厂站微机母差保护中加装的独立母联（分段）电流保护，可视为一级可靠保护。

（4）线路开关配置的 PSL－631 或 RCS－923 等过流保护，可视为一级可靠保护。

（5）已经投运的距离、方向零序保护，零序方向元件短接后，可视为半级可靠保护。

（6）临时安装的电流保护，经一、二次通流及传动试验正确，可视为一级可靠保护。

43. 设备新投过程中有哪些危险点？ 如何处理？

答：设备新投过程中的危险点及处理措施如下：

（1）新投设备首次带电，设备绝缘未经受全电压及过电压考验，保护未进行测试，出现故障的概率较运行设备更高。因此，在投产方案编制的过程中，应考虑设备故障对系统的影响，选择合适的投产方案，防范由于新设备故障、保护不正确动作造成正常运行设备跳闸。

（2）新设备一次接线和二次接线均有可能错误，造成相序、相位不正确的情况。因此，在启动投运时必须核相，检查一次、二次回路相序、相位的正确性。

（3）继电保护系统的接线未经过带负荷测试，可能出现电流、电压回路等接线不正确的情况，导致新设备故障时保护误动或拒动。因此，在启动投运时必须带负荷校核相关元件保护接线的正确性。

（4）新设备启动投运时，保证安全的组织措施和技术措施较为复杂，倒闸操作项数多，操作时间长，一旦发生启动委员会、试验指挥、调度员、现场操作人员沟通不畅的情况，极易产生误操作。因此，各环节人员应提前熟悉投产方案，在调度的统一指挥下操作。

（5）现场操作人员对一、二次新设备性能不熟悉可能造成安全隐患。因此，操作人员应提前掌握设备情况，了解投产过程中的危险点，在调度统一指挥下操作。

44. 新设备启动时，操作过程中应注意哪些问题？

答：因启动过程中待投产设备的不可靠，故在操作时除应注意设备本身外，还应分析不同设备操作过程中的危险点、可能出现的问题，保证设备启动投运顺利进行：

（1）在冲击过程中应从提高系统运行可靠性、减少设备故障影响范围的角度考虑系统一次设备运行方式，避开对电厂侧、系统薄弱侧冲击。

（2）冲击时保护应满足相关规定，方案中若存在与上级调度管线设备交界的保护定值，应满足上级电网和调度部门的要求。

（3）投产过程中应注意一次设备与二次保护之间的配合，带负荷、解合环前保护的配合调整。

（4）冲击及带负荷过程中，应特别注意母差保护方式及母差电流互感器状态。

（5）在保护测试前，线路合环时由于没有停用线路纵联保护有发生误动的可能，对系统产生较大影响，需针对上述情况制定相应控制措施。

（6）下级调度机构管辖范围内新设备加入系统运行，可能对上级调度机构管辖系统安全产生较大影响时，调度机构应将相关资料报送上级调度机构，经上级调度机构许可后，方可进行启动投运操作。

2.2 提高部分

45. 220kV 变电站启动案例（参考大场站启动方案）。

220kV A 站：2 台 220/110/35kV 三绕组变压器，110kV 接线方式为单母线两分段，35kV 接线方式为单母线四分段，1 号主变压器由 220kV B 站 2201 出线送（纯电缆），2 号主变压器由 220kV B 站 2202 出线送（纯电缆）。

A 站接线方式如图 2－6 所示。

220kV A 站全站启动方案如下。

220kV A 站全站启动方案

一、启动日期：××××年××月××日 9：00。

二、启动范围：

1. B 站：

（1）2201 开关、正副母刀、线路闸刀；

（2）2202 开关、正副母刀、线路闸刀。

2. 2201 全线电缆。

3. 2202 全线电缆。

4. A 站：

（1）2201 开关、变压器闸刀、线路闸刀，1 号主变压器，2201 线路电压互感器，1 号主变压器 220kV、110kV 中性点接地闸刀，1 号主变压器 110kV 开关、变压器闸刀、母线闸刀，1 号主变压器 110kV 电压互感器、1 号主变压器 35kV 一、二段开关回路、35kV 1 号接地变及接地电阻，1 号主变压器 220kV、110kV、35kV 避雷器；

220kV A
2201
2202
110kV
35kV
1101
1102
1103
1104
1105
1106
1107
1108
3501
3502
3503
3504
3505
3506
3507
3508
3509
3510
3511
3512
3513
3514
3515
3516
3517
3518
3519
3520
3521

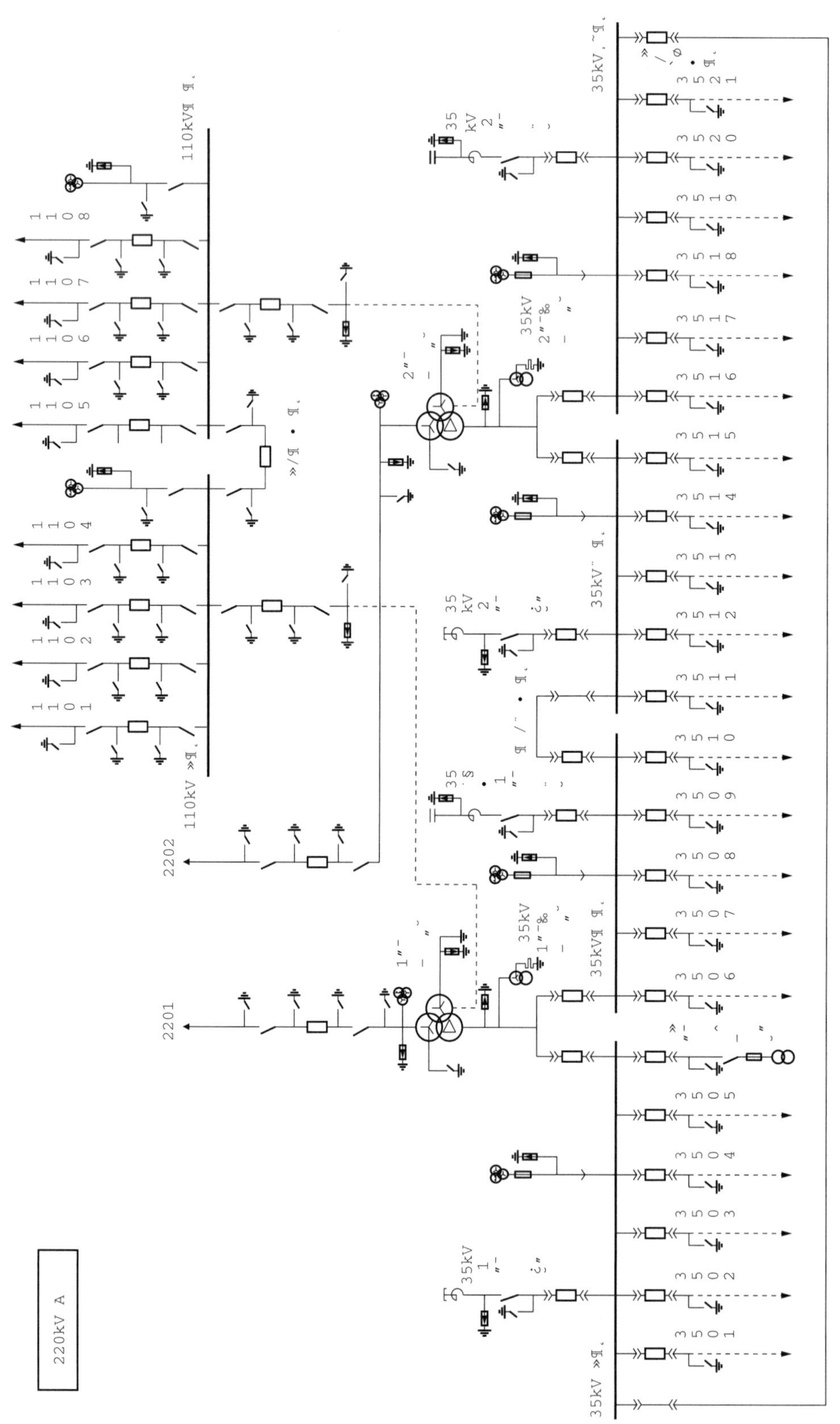

图2-6 A站接线方式

（2）2202 开关、变压器闸刀、线路闸刀，2 号主变压器，2202 线路电压互感器，2 号主变压器 220kV、110kV 中性点接地闸刀，2 号主变压器 110kV 开关、变压器闸刀、母线闸刀，2 号主变压器 110kV 电压互感器、2 号主变压器 35kV 三、四段开关回路、35kV 2 号接地变压器及接地电阻，2 号主变压器 220kV、110kV、35kV 避雷器；

（3）110kV 一、二段母线，110kV 一/二分段、110kV 一、二段电压互感器/避雷器以及全部闸刀；

（4）110kV 全部出线开关、母线闸刀、线路闸刀；

（5）35kV 一、二、三、四段母线及对应母线的电压互感器/避雷器，35kV 二/三分段开关、35kV 二/三分段引线插头、35kV 一/四分段开关、35kV 一/四分段引线插头；

（6）35kV 全部出线回路；

（7）35kV 1、2 号电抗器、35kV 1、2 号电容器；

（8）35kV 1、2 号站用变压器（见图 2－6）。

三、启动前应具备条件：

1. B 站 2201 设备状态及规范并核对继电保护整定书，2201 已按 SQ－2020－0001 号、SQ－2020－0002 号执行，全部工作结束，启动设备编号及铭牌齐全清楚，具备启动条件。

2. B 站 2202 设备状态及规范并核对继电保护整定书，2202 已按 SQ－2020－0003 号、SQ－2020－0004 号执行，全部工作结束，启动设备编号及铭牌齐全清楚，具备启动条件。

3. 2201 电缆工作已结束，一次相位正确，可以送电，并将运行限额及有关资料送市北调控中心。

4. 2202 电缆工作已结束，一次相位正确，可以送电，并将运行限额及有关资料送市北调控中心。

5. A 站上述启动范围内的一、二次设备已全部安装、调试、验收合格，一次相位正确；汇报启动范围内一、二次设备规范，并核对继电保护整定书，1 号主变压器按 SQ－2020－0005 号、SQ－2020－0006 号执行；2 号主变压器按 SQ－2020－0007 号、SQ－2020－0008 号执行；110kV 一段母差按 SQ－2020－0009 号执行；110kV 二段母差按 SQ－2020－0010 号执行；110kV 一/二分段自切按 SQ－2020－0011 号执行；35kV 一/四段母差按 SQ－2020－0012 号执行；35kV 二/三段母差按 SQ－2020－0013 号执行；35kV 二/三分段自切按 SQ－2020－0014 号执行、35kV 一/四分段自切按 SQ－2020－0015 号执行；35kV1 号电抗器按 SQ－2020－0016 执行、35kV 2 号电抗器按 SQ－2020－0017 执行、35kV 1 号电容器按 SQ－2020－0018 执行、35kV 2 号电容器按 SQ－2020－0019 执行，35kV 1 号站用变压器按 SQ－2020－0020 号执行、35kV 2 号站用变压器按 SQ－2020－0021 号执行，所有启动设备编号及铭牌应齐全清楚、具备启动条件。

6. A 站工作结束，设备验收合格，具备投运条件。

四、启动前设备状态：

1. B 站：

（1）2201 冷备用状态，保护按整定书规定投运；

（2）2202 冷备用状态，保护按整定书规定投运。

2. A 站：

（1）2201 冷备用状态、2201 线路电压互感器运行状态（压变次级熔丝放上）；

（2）1 号主变压器冷备用状态，1 号主变压器 220kV、110kV 中性点接地闸刀在合上位置，1 号主变压器 220kV 分接头放在第 2 档位置 233. 2kV，1 号主变压器 220kV、110kV、35kV 避雷器均在运行状态，35kV1 号接地变压器、接地电阻均在运行状态，1 号主变压器保护按整定书要求放主变压器启动定值；

（3）2202 冷备用状态、2202 线路电压互感器运行状态（电压互感器次级熔丝放上）；

（4）2 号主变压器冷备用状态，2 号主变压器 220kV、110kV 中性点接地闸刀在合上位置，2 号主变压器 220kV 分接头放在第 2 档位置 233. 2kV，2 号主变压器 220kV、110kV、35kV 避雷器均在运行状态，35kV 2 号接地变压器、接地电阻均在运行状态，2 号主变压器保护按整定书要求放主变压器启动定值；

（5）110kV 一/二分段为冷备用状态，110kV 一、二段母线电压互感器/避雷器在运行状态；

（6）110kV 全部出线在运行状态（出线电缆头均在拆开位置）；

（7）35kV 二/三分段冷备用、35kV 二/三分段引线插头运行状态、35kV 一/四分段冷备用、35kV 一/四分段引线插头运行状态，35kV 一段、二段、三段、四段母线电压互感器/避雷器均为运行状态；

（8）35kV 1、2 号电抗器，35kV 1、2 号电容器，35kV 1、2 号站用变压器均在冷备用状态；

（9）35kV 全部出线在运行状态（出线电缆头均在拆开位置）；

（10）1、2 号主变压器 220kV、110kV、35kV 后备保护按整定书要求放主变压器启动定值；

（11）上述设备继电保护均按整定书规定投运。

五、启动前方式调整：

B 站：　空出 220kV 正一段、正二段母线。
220kV 正母分段、220kV 2 号母联改为运行，用上 220kV 正母分段（0. 3s）、220kV 2 号母联解列保护（0. 3s）。

六、启动顺序：

B 站：　2201 从冷备用改为正母热备用；

B 站：　2202 从冷备用改为正母热备用；

A 站：　　　　2201 从冷备用改为热备用；
A 站：　　　　2202 从冷备用改为热备用；
A 站：　　　　1 号主变压器 110kV 从冷备用改为热备用；
A 站：　　　　合上 2 号主变压器 110kV 变压器闸刀；
B 站：　　　　220kV 母差已停用；
B 站：　　　　2201 从热备用改为运行；
（对 2201 线充电，冲击合闸 1 次，首次间隔 10min，最后一次开关在合上位置）
B 站：　　　　2202 从热备用改为运行；
（对 2202 线充电，冲击合闸 1 次，首次间隔 10min，最后一次开关在合上位置）
A 站：　　　　2201 从热备用改为运行；
（对 1 号主变压器冲击合闸 5 次，最后一次开关在合上位置）
A 站：　　　　拉开 1 号主变压器 220kV 中性点接地闸刀；
A 站：　　　　2202 从热备用改为运行；
（对 2 号主变压器冲击合闸 5 次，最后一次开关在合上位置）
A 站：　　　　拉开 2 号主变压器 220kV 中性点接地闸刀；
A 站：　　　　拉开 2 号主变压器 110kV 变压器闸刀；
A 站：　　　　110kV 一/二分段从冷备用改为热备用；
A 站：　　　　1 号主变压器 110kV 从热备用改为运行；
（对 110kV 一段母线及母线电压互感器/避雷器充电并测读三相电压）
A 站：　　　　110kV 一/二分段从热备用改为运行；
（用充电合闸对 110kV 二段母线及母线电压互感器/避雷器充电并测读三相电压）
A 站：　　　　110kV 一段电压互感器与 110kV 二段电压互感器次级核相应正确；
A 站：　　　　110kV 一/二分段从运行改为冷备用；
A 站：　　　　2 号主变压器 110kV 从冷备用改为运行；
（对 110kV 二段母线及母线电压互感器/避雷器充电并测读三相电压）
A 站：　　　　110kV 一段电压互感器与 110kV 二段电压互感器次级核相应正确；
A 站：　　　　1 号主变压器 35kV 一段从冷备用改为热备用；
A 站：　　　　1 号主变压器 35kV 二段从冷备用改为热备用；
A 站：　　　　1 号主变压器 35kV 一段从热备用改为运行；
（对 35kV 一段母线及母线电压互感器/避雷器充电并测读三相电压）
A 站：　　　　1 号主变压器 35kV 二段从热备用改为运行；
（对 35kV 二段母线及母线电压互感器/避雷器充电并测读三相电压）
A 站：　　　　35kV 二/三分段从冷备用改为运行；
（用充电合闸对 35kV 三段母线及母线电压互感器/避雷器充电并测读三相电压）
A 站：　　　　35kV 一/四分段从冷备用改为运行；
（用充电合闸对 35kV 四段母线及母线电压互感器/避雷器充电并测读三相电压）

A 站：　　35kV 一段电压互感器与 35kV 二段电压互感器二次核相应正确；
A 站：　　35kV 二段电压互感器与 35kV 三段电压互感器二次核相应正确；
A 站：　　35kV 三段电压互感器与 35kV 四段电压互感器二次核相应正确；
A 站：　　35kV 四段电压互感器与 35kV 一段电压互感器二次核相应正确；
A 站：　　35kV 二/三分段从运行改为冷备用；
A 站：　　35kV 一/四分段从运行改为冷备用；
A 站：　　2 号主变压器 35kV 三段从冷备用改为热备用；
A 站：　　2 号主变压器 35kV 四段从冷备用改为热备用；
A 站：　　2 号主变压器 35kV 三段从热备用改为运行；
（对 35kV 三段母线及母线电压互感器/避雷器充电）
A 站：　　2 号主变压器 35kV 四段从热备用改为运行；
（对 35kV 四段母线及母线电压互感器/避雷器充电）
A 站：　　35kV 二段电压互感器与 35kV 三段电压互感器二次核相应正确；
A 站：　　35kV 一段电压互感器与 35kV 四段电压互感器二次核相应正确；
A 站：　　110kV 一/二分段从冷备用改为热备用；
A 站：　　35kV 一/四分段从冷备用改为热备用；
A 站：　　35kV 二/三分段从冷备用改为热备用。

七、带负荷试验：

A 站：　　35kV 1、2 号电抗器从冷备用改为热备用；
A 站：　　停用 1、2 号主变压器第一套差动保护；
A 站：　　停用 1、2 号主变压器第二套差动保护；
A 站：　　停用 110kV 一段、二段母差；
A 站：　　停用 35kV 一/四段、二/三段母差；
A 站：　　合上 2 号主变压器 220kV 中性点接地闸刀；
A 站：　　110kV 一/二分段从热备用改为运行；
A 站：　　2202 从运行改为热备用；
A 站：　　35kV 1、2 号电抗器从热备用改为运行；
A 站：　　利用电抗器负荷进行 B 站 220kV 母差带负荷试验；
　　　　　A 站 1、2 号主变压器差动，110kV 一段、二段母差，35kV 一/四段、二/三段母差带负荷校验（其余保护校验由站内自行掌握）；
A 站：　　用上 110kV 一段、二段母差（母差保护校验应正确）；
A 站：　　35kV 1、2 号电抗器从运行改为热备用；
A 站：　　35kV 1、2 号电容器从冷备用改为运行；
A 站：　　利用电容器负荷进行 A 站 1、2 号主变压器差动、35kV 一/四段、二/三段母差带负荷校验（其余保护校验由站内自行掌握）；
A 站：　　合上 1 号主变压器 220kV 中性点接地闸刀；

A 站：　　2202 从热备用改为运行；

A 站：　　2201 从运行改为热备用；

A 站：　　利用电容器负荷进行 B 站 220kV 母差带负荷试验；

A 站 1、2 号主变压器差动，35kV 一/四段、二/三段母差带负荷校验（其余保护校验由站内自行掌握）；

B 站：　　220kV 母差已用上；

A 站：　　用上 1、2 号主变压器第一套差动保护；

A 站：　　用上 1、2 号主变压器第二套差动保护；

A 站：　　2201 从热备用改为运行；

A 站：　　110kV 一/二分段从运行改为热备用；

A 站：　　拉开 1 号主变压器 220kV 中性点接地闸刀；

A 站：　　拉开 2 号主变压器 220kV 中性点接地闸刀；

A 站：　　35kV 二/三分段从热备用改为运行；

A 站：　　1 号主变压器 35kV 二段从运行改为热备用；

A 站：　　35kV 一/四分段从热备用改为运行；

A 站：　　2 号主变压器 35kV 四段从运行改为热备用；

A 站：　　35kV 一/四段、二/三段母差校验应合格；

A 站：　　用上 35kV 一/四段、二/三段母差

A 站：　　2 号主变压器 35kV 四段从热备用改为运行；

A 站：　　35kV 一/四分段从运行改为热备用；

A 站：　　1 号主变压器 35kV 二段从热备用改为运行；

A 站：　　35kV 二/三分段从运行改为热备用；

A 站：　　35kV 1、2 号电容器从运行改为热备用

A 站：　　35kV 一/四分段、35kV 二/三分段、110kV 一/二分段自切实校试验；（由站内自行掌握）

A 站：　　35kV 1、2 号站用变压器从冷备用改为运行；

A 站：　　35kV 1、2 号站用变压器之间，与外来电源之间核相、校相序应正确。

八、试验全部结束后：

A 站：　　110kV 全部出线改为冷备用；

A 站：　　35kV 全部出线改为冷备用；

A 站：　　1、2 号主变压器试运行 24h；

试运行结束后所有设备保护均恢复正常定值，按整定书要求投用。

46. 110kV 变电站新主变压器启动案例（参考俞泾站 3 号主变压器回路启动方案）。

110kV C 站：新投 3 号主变压器，10kV 接线方式为单母分段，3 号主变压器由 110kV D 站 1101 出线送（纯电缆）。

3 号主变压器回路接线方式如图 2 -7 所示。

110kV C 站 3 号主变压器回路启动方案如下。

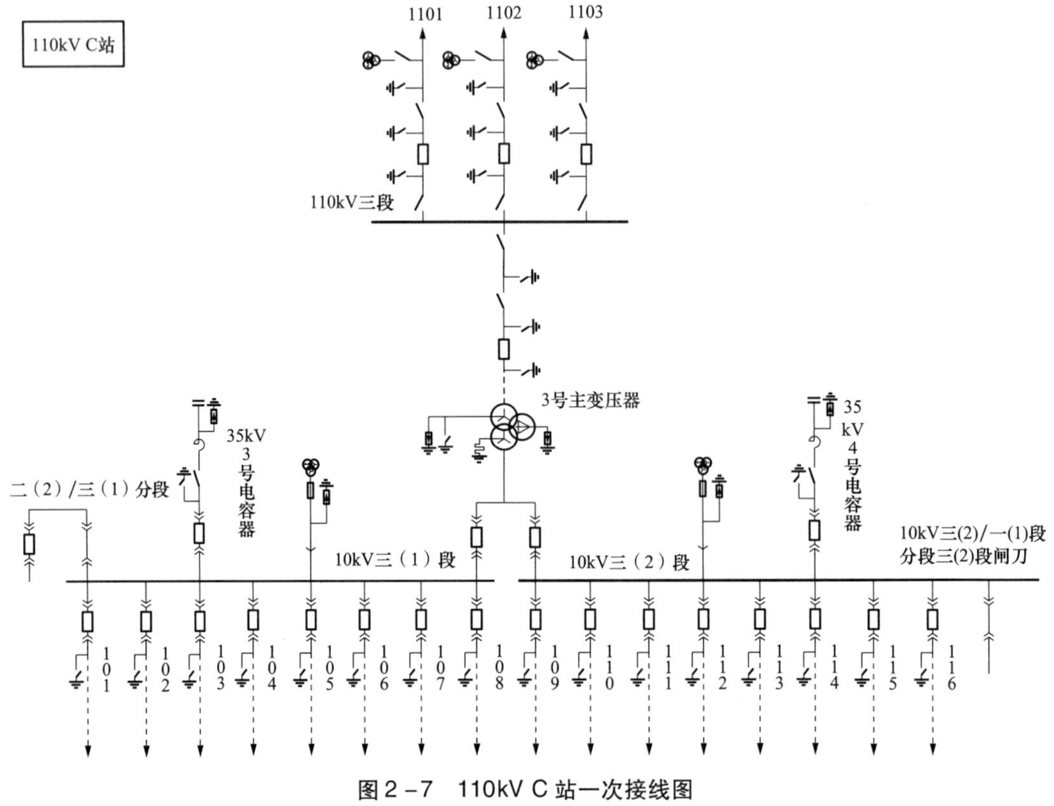

图 2 -7　110kV C 站一次接线图

110kV C 站 3 号主变压器回路启动方案

一、启动日期：××××年××月××日 9：00

二、启动范围：

1. D 站：1101 开关、母线闸刀、线路闸刀及所有接地闸刀。

2. 1101 全线电缆。

3. C 站：

（1）1101、1102、1103 开关、母线闸刀、线路闸刀、线路电压互感器及闸刀，110kV 三段母线及所有接地闸刀。

（2）3 号主变压器及 3 号主变压器 110kV 中性点接地闸刀、3 号主变压器 110kV 中性点避雷器、3 号主变压器 10kV 接地电阻、3 号主变压器 6. 6kV 平衡绕组避雷器。

（3）3 号主变压器 110kV 开关、母线闸刀、变压器闸刀及所有接地闸刀。

（4）3 号主变压器 110kV 电缆。

（5）C 站 10kV 设备：

3 号主变压器 10kV 三（1）、三（2）开关；

10kV 三（1）、三（2）段母线；

10kV 二（2）/三（1）段分段开关；

10kV 三（2）/一（1）段分段三（2）段闸刀；

10kV 三（1）、三（2）段电压互感器、避雷器；

10kV 3 号、4 号电容器回路；

10kV 三（1）、三（2）段母线上出线（101、102、103、104、105、106、107、108、109、110、111、112、113、114、115、116，共 16 台）电缆尾线未接入的开关。

4. 所有启动范围内二、三次设备。

备注：10kV 所有馈线仓应按运行设备管理，电缆孔洞已封堵，线路侧电缆应无接入！

三、启动前应具备条件：

1. D 站：1101 一、二次设备均应验收合格，继电保护 1101 按整定书执行。

2. C 站：1101、1102、1103 一、二次设备均应验收合格，继电保护按整定书执行。

3. C 站：3 号主变压器试验合格、铭牌正确齐全，可以投入运行。继电保护按整定书执行。

4. C 站：3 号主变压器 10kV 接地电阻试验合格已接入变压器中性点可以投入运行。

5. C 站：10kV 3 号电容器、10kV 4 号电容器及电容器回路设备试验合格、铭牌正确齐全，可以投入运行。继电保护分别按整定书执行。

6. C 站：10kV 三（1）段、三（2）段电压互感器、避雷器设备均试验合格、铭牌正确齐全，可以投入运行。

7. C 站：10kV 段二（2）/三（1）段分段开关、10kV 三（2）/一（1）段分段三（2）段闸刀均试验合格、铭牌正确齐全，可以投入运行。

8. C 站：10kV 三（1）、三（2）段母线上馈线（共 16 台开关）均在运行位置，试验合格可以投入运行。（仓位应查明线路侧无出线接入）

9. C 站：安全用具齐全，消防、通信、照明及自动化设施均完好。有关图纸、资料齐全，现场运行规程、典型操作票已编制、审核、熟悉。操作人员已熟悉现场设备。

10. C 站：所有启动设备已由运行部按规范验收合格，与基建单位移交完毕，所有启动设备已按运行设备进行管理。

四、启动前汇报：

1. D 站内 110kV 备 16 工作结束，铭牌已更改为“1101”，按整定书执行，启动设备编号及铭牌齐全清楚，具备投运条件。

2. D 站 110kV 备 16 仓至 C 站 110kV 第 7 仓新放“1101”电缆工作已结束，一次相位正确，耐压合格，具备启动条件，可以送电；有关电缆型号、长度、截面及运行限额、实测参数等资料已送调度。

3. C 站 3 号主变压器 110kV 电缆工作已结束，一次相位正确，耐压合格，具备启动条件，可以送电；有关电缆型号、长度、截面及运行限额、实测参数等资料已送调度。

4. C 站内下列电缆均应施工完毕，耐压合格，两端尾线搭通，相位正确，可以投入运行：

（1）3 号主变压器 10kV 接地电阻电缆。

（2）10kV 3 号电容器电缆。

（3）10kV 4 号电容器电缆。

5. C 站站内设备：

（1）1101、1102、1103 设备安装调试验收合格，铭牌正确齐全，可以投入运行。继电保护 1101、1102、1103 按整定书执行。

（2）C 站 3 号故障录波按整定书执行。

（3）3 号主变压器设备试验合格，铭牌齐全，可以投入运行，继电保护按整定书执行。

（4）3 号主变压器 10kV 接地电阻试验合格，已接入变压器中性点，可以投入运行。

（5）10kV 3 号电容器、4 号电容器开关及电容器回路设备试验合格，铭牌齐全，可以投入运行，继电保护分别按整定书执行。

（6）10kV 三（1）段、三（2）段电压互感器、避雷器及电压互感器、避雷器闸刀手车均试验合格，铭牌齐全，可以投入运行。

（7）10kV 三（1）、三（2）段母线均试验合格，可以投入运行。

（8）10kV 二（2）/三（1）段分段开关、10kV 三（2）/一（1）段分段三（2）段闸刀均试验合格，铭牌齐全，可以投入运行。

（9）10kV 三（1）段、三（2）段母线所有馈线仓：16 仓均在运行位置，试验合格可以投入运行（上述仓位应查明线路侧无出线接入）。

6. C 站有关遥信、遥测、遥控设备安装试验完毕，SCADA 系统图形、数据等增补完毕，市北功率总加已修正，设备良好，具备收发数据条件，AVC 具备投运条件。

五、启动前设备状态：

1. D 站：

1101 在冷备用状态（工作结束汇报后，即由开关线路检修改为冷备用，1101 过流 1、2 零流 1、2 改为跳闸）。

2. C 站：

1101 在冷备用状态，线路电压互感器闸刀在合上位置（电压互感器二次小开关合上）；1102、1103 在热备用状态（线路侧无出线接入），线路电压互感器闸刀在合上位置（电压互感器二次小开关合上）。

3. C 站：

（1）3 号主变压器 110kV 在冷备用状态，3 号主变压器 110kV 中性点接地闸刀在合上位置，10kV 中性点接地电阻已接上，3 号主变压器分接头放第一档，主变压器保护在用上位置，3 号主变压器充电保护投入。

（2）10kV 三（1）、三（2）段母线，3 号主变压器 10kV 三（1）、三（2）、10kV 二（2）/三（1）段分段在冷备用状态。

（3）10kV 三（2）/一（1）段分段三（2）段闸刀、10kV 三（1）、三（2）段电压互感器、避雷器闸刀均在运行状态。

（4）10kV 3 号、4 号电容器均在冷备用状态。

（5）10kV 馈线状态：16 仓均在运行状态。

六、启动顺序：

D 站：　　1101 从冷备用改为热备用。

D 站：　　停用 110kV 三母母差。

C 站：　　3 号主变压器 110kV 从冷备用改为热备用。

C 站：　　1101 从冷备用改为热备用。

D 站：　　1101 从热备用改为运行（1101 线路充电）。

C 站：　　1101 从热备用改为运行（110kV 三段母线充电）。

C 站：　　1102 从热备用改为运行。

C 站：　　1103 从热备用改为运行。

C 站：　　1101 与 1102 线路电压互感器二次核相应正确。

C 站：　　1101 与 1103 线路电压互感器二次核相应正确。

C 站：　　1103 与 1102 线路电压互感器二次核相应正确。

C 站：　　3 号主变压器 110kV 从热备用改为运行（冲击合闸五次，后四次现场操作）。

C 站：　　拉开 3 号主变压器 110kV 中性点接地闸刀。

C 站：　　3 号主变压器 10kV 三（1）、三（2）从冷备用改为运行。

C 站：　　在 10kV 三（1）段、三（2）段电压互感器间核相应正确。

C 站：　　调节 3 号主变压器 110kV 有载分接头，测读每档 10kV 电压，10kV 电压不超过 11kV，测读后 3 号主变压器分接头仍放在第一档位置。

D 站：　　停用 1101 线路纵差保护。

C 站：　　停用 1101 线路纵差保护。

C 站：　　停用 3 号主变压器差动保护。

C 站：　　10kV 3 号、4 号电容器从冷备用改为运行。

利用电容器负荷进行 D 站 110kV 三段母差带负荷试验（校验合格后）。

D 站：　　用上 110kV 三母母差。

利用电容器负荷进行 1101 线路纵差带负荷试验及 3 号主变压器差动带负荷校验（校验合格后）。

D 站：　　用上 1101 线路纵差保护。

C 站：　　　　用上 1101 线路纵差保护。

C 站：　　　　用上 3 号主变压器差动保护。

C 站：　　　　10kV 16 仓馈线均改为冷备用。

C 站：　　　　10kV 三（2）/一（1）段分段三（2）段闸刀从运行改为冷备用。

全部启动设备试运行 24h 后，取下 3 号主变压器充电保护跳闸压板。

3 安全自动装置

3.1 基础部分

1. 试举例说明电力系统安全自动装置的主要种类。

答：电力系统安全自动装置，是指防止电力系统失去稳定和避免电力系统发生大面积停电的自动保护装置。如：

（1）自动重合闸。

（2）备用电源和备用设备自动投入。

（3）自动联切负荷。

（4）自动低频（低压）减负荷。

（5）事故减出力。

（6）事故切机。

（7）电气制动。

（8）水轮发电机自动启动和调相改发电。

（9）抽水蓄能机组由抽水改发电。

（10）自动快速调节励磁。

（11）低频、低压解列装置。

（12）振荡（失步）解列装置。

（13）大小电流联切装置。

2. 什么是自动重合闸？ 为什么要采用自动重合闸？

答：自动重合闸装置是将因故跳开后的断路器按需要自动投入的一种自动装置。

电力系统运行经验表明，架空线路绝大多数的故障都是瞬时性的，永久性故障一般不到10%。因此，在由安全自动装置动作切除短路故障之后，电弧将自动熄灭，绝大多数情况下短路处的绝缘可以自动恢复。因此，自动将断路器重合，不仅提高了供电的安全性和可靠性，减少了停电损失，而且还提高了电力系统的暂态稳定水平，增大了高压线路的送电容量，也可纠正由于断路器或安自装置造成的误跳闸。所以，架空线路要采用自动重合闸装置。

3. 自动重合闸怎样分类？

答：（1）按重合闸的动作分类，可以分为机械式和电气式。

（2）按重合闸作用于断路器的方式，可以分为三相、单相和综合重合闸三种。

（3）按动作次数，可以分为一次式和二次式（多次式）。

（4）按重合闸的使用条件，可分为单侧电源重合闸和双侧电源重合闸。双侧电源重合闸又可分为检定无压和检定同期重合闸、非同期重合闸。

4. 重合闸前加速与重合闸后加速的区别是什么，各自的优、缺点是什么？

答：（1）重合闸前加速：一般用于具有几段串联的辐射形线路中，重合闸装置仅装在靠近电源的一段线路上。当线路上（包括相邻线路及以后的线路）发生故障时，靠近电源侧的保护首先无选择性地瞬时动作于跳闸，而后再靠重合闸来弥补这种非选择性动作。

优点：①能快速切除瞬时性故障；②使用设备少，只需要配一套重合闸装置，简单经济。

缺点：①重合于永久性故障上，故障切除的时间可能较长；②牺牲了选择性，如果重合闸合闸失败，将扩大停电范围。

（2）重合闸后加速：当线路发生故障后，保护有选择性的动作切除故障，重合闸进行一次重合以恢复供电。若重合于永久性故障时，保护装置即不带时限无选择性的动作断开断路器，这种方式称为重合闸后加速。

优点：①第一次可以有选择性切除故障，不会扩大停电范围；②对永久性故障重合闸后能瞬时切除。

缺点：①每个断路器都需要装设一套重合闸，与前加速相比较复杂；②第一次切除故障可能带延时。

5. 自动重合闸的启动方式有哪几种？ 各有什么特点？

答：自动重合闸有两种启动方式：断路器位置不对应启动方式和保护启动方式。

不对应启动即断路器控制状态与断路器位置不对应启动。装置用跳闸位置接点引入装置开入量判断断路器位置，如果开入闭合，说明断路器在断开状态，若此时控制开关在合闸状态，说明原先断路器是处于合闸状态的。这两个位置不对应启动重合闸的方式称“位置不对应启动”。

保护启动是指，保护动作发出跳闸命令后启动重合闸的方式。本保护动作跳闸后，检测到线路无电流启动重合，通常装置也设置一个“外部跳闸启动重合闸”的开关量输入，以便于双重化配置的另一套保护启动本保护重合。

不对应启动方式的优点：简单可靠，还可以纠正断路器误碰或偷跳，可提高供电可靠性和系统运行的稳定性，在各级电网中具有良好运行效果，是所有重合闸的基本启动方式。其缺点是，当断路器辅助触点接触不良时，不对应启动方式将失效。

保护启动方式，是不对应启动方式的补充。同时，在单相重合闸过程中需要进行一些保护的闭锁，逻辑回路中需要对故障相实现选相固定等，也需要一个由保护启动的重合闸启动元件。其缺点是不能纠正断路器误动。

6. 综合自动重合闸可以实现的重合方式有哪几种？ 各自的定义是什么？

答：综合自动重合闸是把单相自动重合闸和三相重合闸综合在一起的重合闸装置。综合合闸利用切换开关的切换，可实现四种重合方式：

（1）综合重合闸方式：线路上发生单相接地故障时，故障相跳开，实行单相自动重合，当重合到永久性单相故障时，若不允许长期非全相运行，则应断开三相，并不再进行自动重合；若允许长期非全相运行，保护第二次动作跳单相，实行非全相运行。当线路上发生相间短路故障时，三相断路器跳开，实行三相重合，当重合到永久性相间故障时，则断开三相并不再进行自动重合。

（2）三相重合闸方式：线路上发生任何形式的故障时，均实行三相自动重合闸。当重合到永久性故障时，断开三相并不再进行自动重合。

（3）单相重合闸方式：线路上发生单相故障时，实行单相自动重合，当重合到永久性单相故障时，保护动作跳开三相并不再进行重合。当线路发生相间故障时，保护动作跳开三相后不进行自动重合。

（4）停用方式（直跳方式）：线路上发生任何形式的故障时，保护运作均跳开三相而不进行重合。

7. 对自动重合闸装置有哪些基本要求？

答：（1）在下列情况下，重合闸不应动作：

1）由值班人员手动跳闸或通过遥控装置跳闸时；

2）手动合闸，由于线路上有故障，而随即被保护跳闸时；

3）收到对侧断路器保护所发出的远跳信号而跳闸时。

（2）除上述情况外，当断路器由安全自动装置动作或其他原因跳闸后，重合闸均应动作，使断路器重新合上。

（3）自动重合闸装置的动作次数应符合预先的规定，如一次重合闸就只应实现重合一次，不允许第二次重合。

（4）自动重合闸在动作以后，一般应能自动复归，准备好下一次故障跳闸的再重合。

（5）应能和安全自动装置配合实现前加速或后加速故障的切除。

（6）在双侧电源的线路上实现重合闸时，应考虑合闸时两侧电源间的同期问题，即能实现无压检定和同期检定。

（7）当断路器处于不正常状态（如气压或液压过低等）而不允许实现重合闸时，应地将自动重合闸闭锁。

（8）自动重合闸宜采用控制断路器装置位置与断路器位置不对应的原则来启动重合闸。

8. 重合闸的时间应满足什么要求?

答：重合闸的时间应大于故障点熄弧时间及周围介质去游离时间外，还应大于断路器及操动机构恢复到准备合闸状态所需要时间。

9. 运行中的线路，在什么情况下应停用线路重合闸装置?

答：遇有下列情况应立即停用有关运行线路的重合闸装置：

（1）装置不能正常工作时。

（2）不能满足重合闸要求的检查测量条件时。

（3）可能造成非同期合闸时。

（4）长期对线路充电时。

（5）断路器遮断容量不允许重合时。

（6）线路上有带电作业要求时。

（7）系统有稳定要求时。

（8）超过断路器跳合闸次数时。

10. 装有重合闸的线路跳闸后，在哪些情况下不允许或不能进行重合闸?

答：（1）手动跳闸。

（2）断路器失灵保护动作跳闸。

（3）远方跳闸。

（4）重合闸停用时跳闸。

（5）母线保护动作跳闸。

（6）重合闸在投单相重合闸位置时发生三相跳闸。

（7）断路器操作压力降低到允许值以下时跳闸。

（8）220kV 及以上线路发生相间故障时。

11. 单侧电源送电线路重合闸方式的选择原则是什么?

答：（1）在一般情况下，采用三相一次式重合闸。

（2）当断路器遮断容量允许时，在下列情况下可采用二次重合闸：

1）由无经常值班人员的变电站引出的无遥控的单回线路；

2）供电给重要负荷且无备用电源的单回线路。

（3）如采用二次重合方式，需经稳定计算校核，允许使用重合闸。

12. 配合自动重合闸的安全自动装置整定应满足哪些基本要求？

答：（1）自动重合闸过程中，必须保证重合于故障时快速跳闸，重合闸不应超过预定次数，相邻线路的安全自动装置应保证有选择性。

（2）零序电流保护的速断段和后加速段，在恢复系统时，如果整定值躲不开合闸三相不同步引起的零序电流，则应在重合闸后延时0.1s动作。

（3）自动重合闸过程中，相邻线路发生故障，允许本线路后加速保护无选择性跳闸。

13. 单相重合闸对零序电流保护有什么影响？ 为什么？ 如何解决这一矛盾？

答：线路上装设综合重合闸装置，不可避免地将出现非全相运行，从而给系统的零序电流保护带来影响。这是因为在非全相运行中会出现零序电流，从而造成保护误动。所以对动作机会较多的零序电流保护Ⅰ段来说，为在非全相运行时不退出工作必须校验其整定值，许多情况下将定值抬高，从而缩短了其保护范围。

为了解决这一矛盾，可以增设定值较大的不灵敏Ⅰ段，在非全相运行中不拒切线路始端的接地故障。而灵敏Ⅰ段定值较小，保护范围大，但在非全相运行时需退出工作。为了保证选择性，零序Ⅱ段动作时限应躲过第一次故障算起的单相重合闸周期，否则非全相运行时，应退出其运行，防止越级跳闸。故障线路的零序Ⅲ段的动作时限在重合闸过程中适当自动缩短。

14. 为什么电容器组断路器不装设重合闸？

答：电容器带电合闸会产生很大的冲击电流和冲击电压，冲击电流和冲击电压对电容器都是极有害的，会直接影响电容器的寿命和安全运行。规程规定，电容器组跳闸后必须间隔5min，使电容器上的剩余电压在5min内从额定电压降至50V以下。所以电容器不能装设重合闸。

15. 电缆线路采不采用重合闸？ 为什么？

答：一般不采用。它和架空线不一样，瞬时故障比较少，一般都是绝缘击穿的永久性故障。如果采用重合闸不但成功率不高，而且会加剧绝缘损坏程度。

16. 重合闸重合于永久性故障上对电力系统有什么不利影响？

答：当重合闸重合于永久性故障时，主要有以下两个方面的不利影响：

（1）使电力系统又一次受到故障的冲击。

（2）使断路器的工作条件变得更加严重，因为断路器要在连续短时间内，两次切断电弧。

17. 什么是备用电源自动投入装置，其作用和要求是什么？

答：备用电源自动投入装置就是当工作电源因故障被断开后，能自动且迅速地将备用电源投入工作或将用户切换到备用电源，使用户不致停电的一种装置，简称为BZT装置。BZT装置的基本要求有以下几点：

（1）装置的启动部分应能反应工作母线失去电压的状态。以图3－1为例，当I_C或II_C母线可能由于以下原因失去电压：

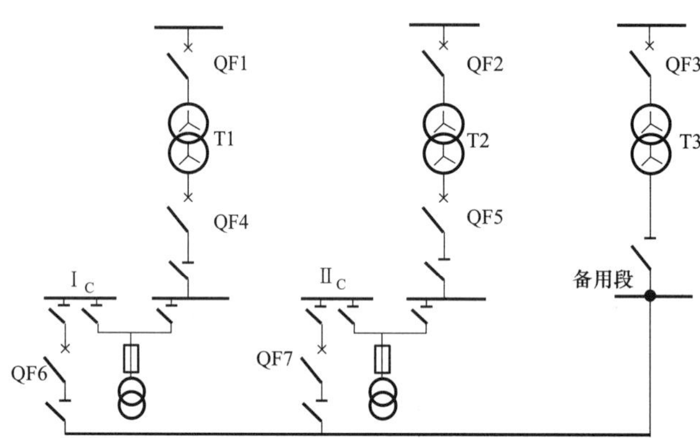

图3－1　有备用电源自动投入装置的变电站接线示意图

1）工作中的变压器T1或T2发生故障；

2）I_C或II_C母线上发生短路故障；

3）I_C或II_C母线的出线发生短路故障，而故障没有被该出线断路器断开；

4）QF1、QF4、QF2、QF5因控制回路、保护回路或操动机构等方面的问题发生误跳闸；

5）运行人员的误操作，将变压器T1或T2断开；

6）电力系统内的事故，使I_C或II_C母线失去电压。

在这些情况下，备用电源均应该自动投入，以保证不间断供电。

（2）工作电源断开后，备用电源才能投入。为防止把备用电源投入到故障元件上，以致扩大事故和设备损坏程度，因此要求只有当工作电源断开后，备用电源方可投入。

（3）BZT装置只能动作一次，以免在母线上或引出线上发生持续性故障时，备用电源被多次投入到故障元件上，造成更严重的事故。

18. 按照投退元件分类，简述备用电源自动投入装置的主要分类。

答：备用电源自动投入装置按照投退元件分类可大致分为进线备投、母联分段备投和变压器备投装置：

（1）进线备投装置主要针对单端单回或双回线供电的变电站，当电源进线故障时，能投入备用电源线路，保证变电站不会失压而损失大量负荷。

（2）母联分段备用电源自动投入主要针对变电站母线分母运行的情况，两段母线接入不同的电源，当一段母线的电源发生故障而导致母线失压时，投入母联分段断路器，保证两段母线的持续供电。

（3）变压器备投主要针对双主变供电，高压侧母线分母运行的情况，其中一台变压器带低压侧负荷，另一台变压器处于热（冷）备用状态。当工作变压器高压侧母线失电、低压侧断路器合位，备用变压器高压侧母线有压情况下跳开工作变压器低（高、低）压侧断路器，合备用变压器低（高、低）压侧断路器，维持低压侧母线供电。

19. 按照接线方式分类，简述中低压配电网中备用电源自动投入装置的主要分类。

目前中低压配电网中，厂站正常运行时均采用线路和主变压器分列运行，分段或母联热备用的方式，备用电源自动投入装置采用分段（母联）备用电源自动投入方式（简称备自投），俗称“自切”。

（1）单母分段备自投接线方式见图3-2。

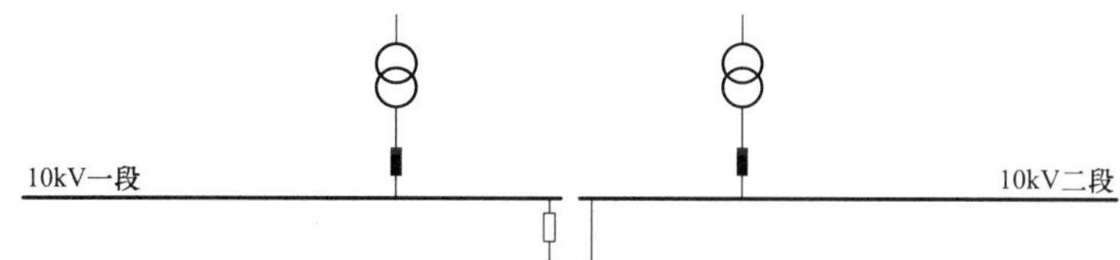

图3-2　单母线分段备自投接线方式

（2）二主变四分段备自投接线方式见图3-3。

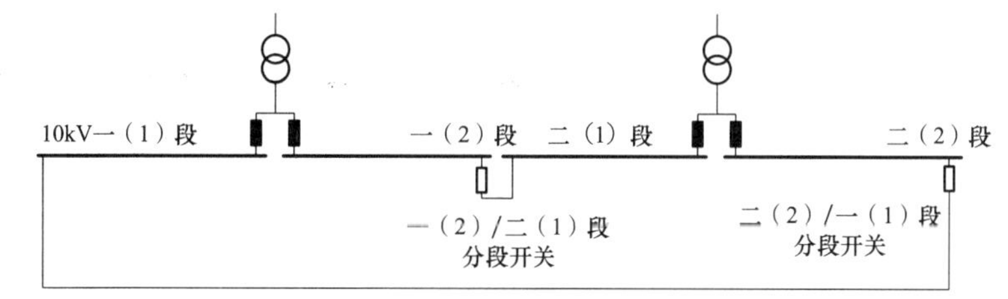

图3-3　二主变四分段备自投接线方式

（3）三主变四分段备自投接线方式见图3-4。

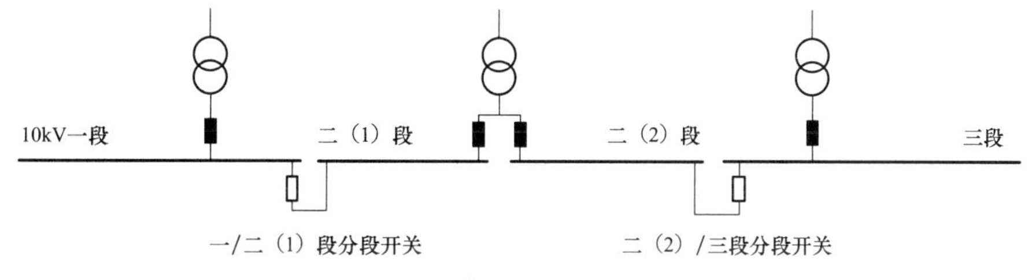

图3-4　三主变四分段备自投接线方式

（4）内桥分段备自投接线方式见图3－5。

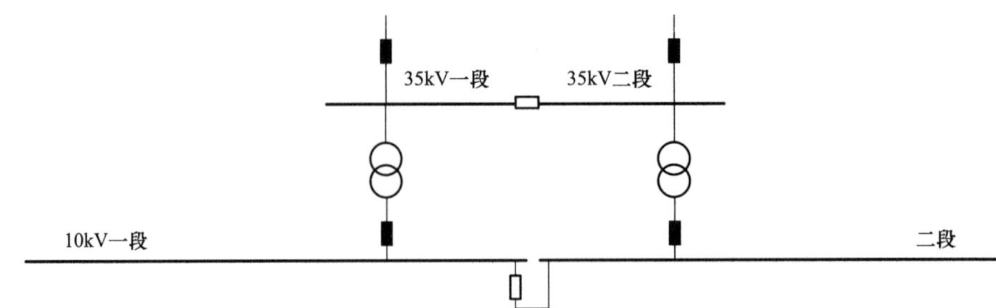

图3－5　内桥分段备自投接线方式

（5）双母线分段备自投接线方式见图3－6。

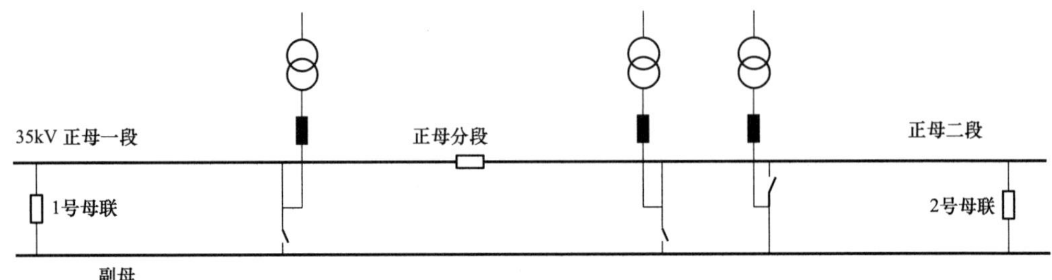

图3－6　双母线分段备自投接线方式

20. 说明分段备用电源自动投入装置的充电条件、放电条件、动作条件、动作结果。

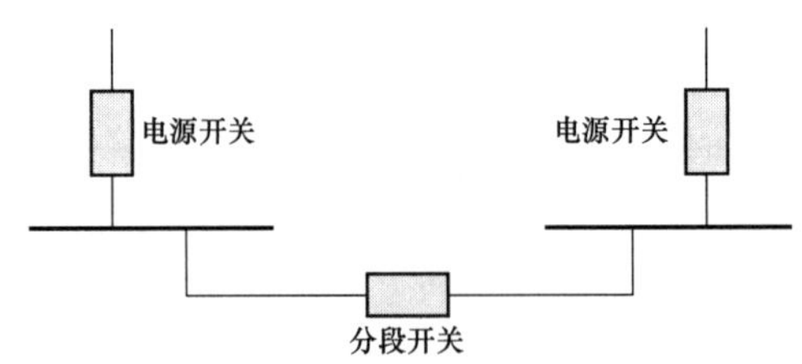

图3－7　分段备投示意图

答：如图3－7所示。

（1）充电条件：

1）两路工作电源三相有压；

2）两路工作电源断路器在合位，分段开关在分位。

（2）放电条件：

1）合上分段开关时；

2）断开一路工作电源断路器时；

3）外部有闭锁信号时。

（3）动作条件：

1）其中一路工作电源无压、无流；

2）另一路工作电源有压。

（4）动作结果：延时跳开失压断路器，并确认跳开后，外部无闭锁信号时，合上分段开关。

21. 在哪些情况下应装设备用电源自动投入装置？

（1）具有备用电源的发电厂厂用电电源和变电站站用电电源。

（2）由双电源供电，其中一个电源经常断开作为备用的电源。

（3）降压变电站内有备用变压器或有互为备用的电源。

（4）有备用机组的某些重要辅机。

22. 试述三主变四分段接线下，10kV 备用电源自动投入装置原理。

答：三主变四分段正常运行时，1 号主变压器供 10kV 一段，2 号主变压器供 10kV 二（1）段、二（2）段，三号主变压器供 10kV 三段。10kV 一/二分段开关、二/三分段开关热备用状态。如图 3－8 所示。

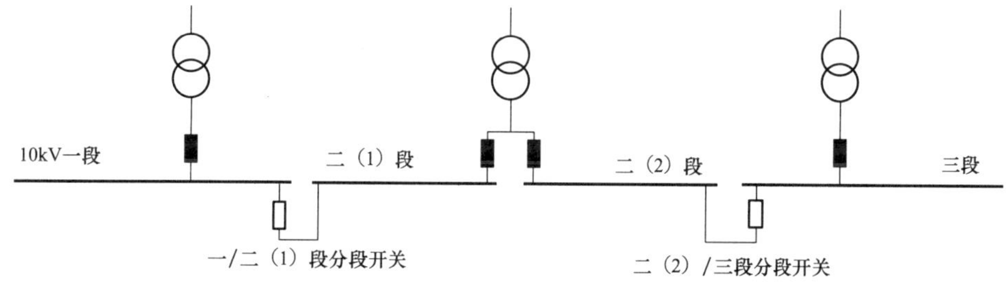

图 3－8 三主变四分段接线方式

低电压启动跳闸回路图如图 3－9 所示，当 1 号主变压器 10kV 开关低电压跳闸压板处于投入位置，且一段备自投处于投入状态，一段母线满足失压鉴定（线电压小于 3kV），二（1）段母线满足有压鉴定（线电压大于 6kV），当达到 3s 后，1 号主变压器 10kV 开关跳闸。

备自投合闸回路及备自投后加速回路如图 3－10 所示，当备自投合闸出口压板处于投入位置，且一段备自投处于投入状态，1 号主变压器 10kV 开关跳闸后，10kV 一/二（1）段分段开关二次回路中串入有 1 号主变压器 10kV 和 2 号主变压器 10kV 开关副接点，10kV 一/二（1）段分段开关自动合闸。在母线故障情况下，当分段开关跳闸压板处于投入位置，且故障电流及母线电压满足相关整定要求，在备自投后加速开放时间（1s）内，10kV 一/二（1）段分段开关后加速跳闸，隔离故障点。

备自投联跳回路如图 3－11 所示，当 10kV 一/二（1）段分段开关处于合闸位置，

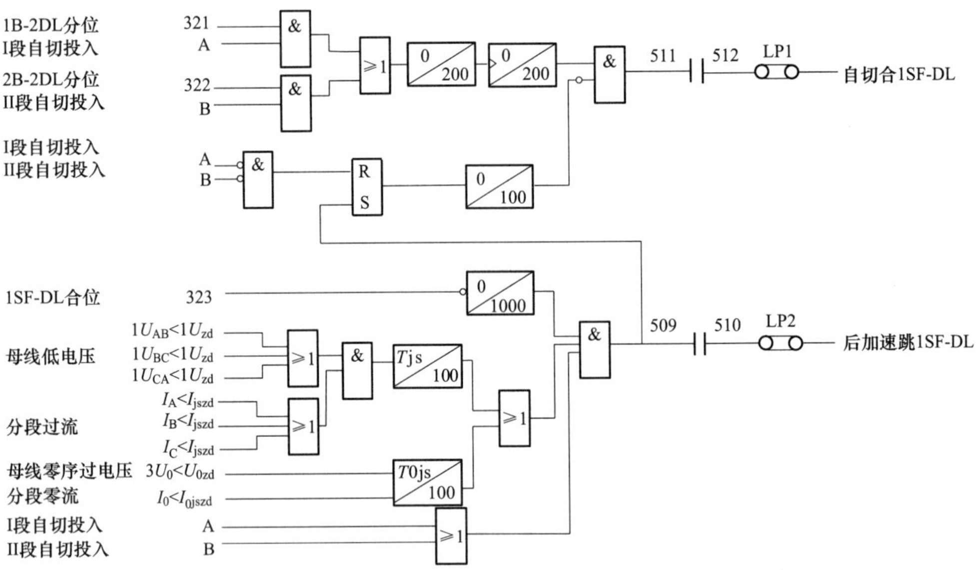

图3-9　低电压启动跳闸回路

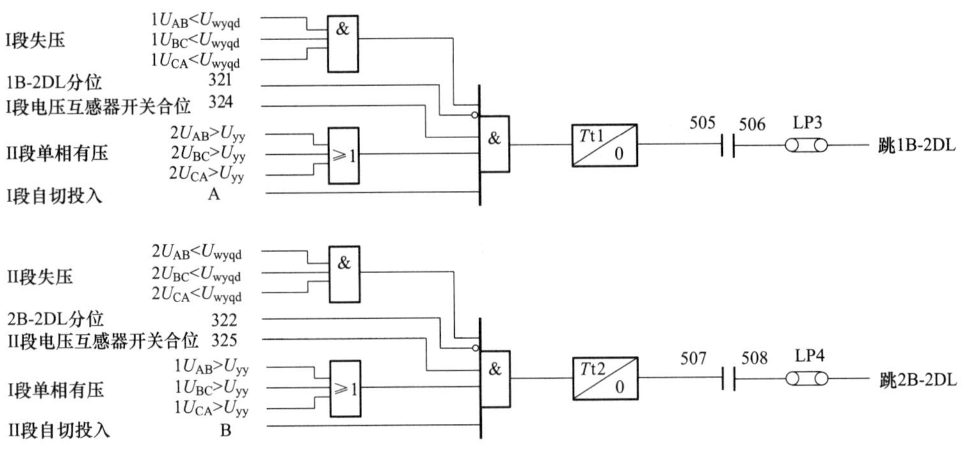

图3-10　备自投合闸回路及备自投后加速回路

当联跳压板处于投入位置，经过1.5s，联跳2号主变压器10kV二（2）开关。当10kV二（2）/三段分段开关处于合闸位置，当联跳压板处于投入位置，经过0.5s，联跳2号主变压器10kV二（1）开关。注意，2号主变压器10kV二（1）开关和二（2）开关的联跳时间有级差。

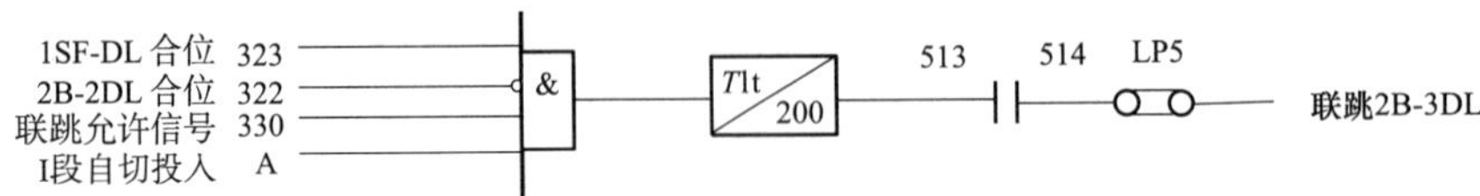

图3-11　备自投联跳回路

23. 三主变四分段接线方式下，1 号主变压器进线失电，10kV 备用电源自动投入装置如何动作?

答：当1号主变压器进线失电时，1号主变压器10kV开关低电压动作跳闸，10kV一/二（1）段分段开关合闸，2号主变压器10kV二（2）开关联跳后，10kV二（2）/三段分段开关合闸，最终的运行方式是2号主变压器带10kV一、二（1）段母线及其负荷，3号主变压器带10kV二（2）、三段母线及其负荷。2号主变压器联跳转移负荷策略有效地避免了备自投后2号主变压器过负荷，实现了主变压器负荷的均衡布置。

24. 三主变四分段接线方式下，1、3 号主变压器进线同时失电，10kV 备用电源自动投入装置如何动作?

答：当1号、3号主变压器进线同时失电，1号、3号主变压器10kV开关低电压动作跳闸，10kV一/二（1）段分段、二（2）/三段分段开关合闸。注意2号主变压器10kV二（1）开关的联跳时间为0.5s，2号主变压器10kV二（2）开关的联跳时间为1.5s，2号主变压器10kV二（1）开关可以闭锁2号主变压器10kV二（2）开关的联跳。最终的运行方式是2号主变压器带10kV二（2）、三段母线及其负荷。两侧联跳时间的级差是为了防止1号、3号主变压器失电后造成全站失电。

25. 说明内桥接线内桥备自投的闭锁原则。

答：正常运行时如图3-12所示，1DL合，2DL合，3DL合，1号母、2号母有压；当1DL、2DL因故障断开且满足“备用电源自动投入装置”充电条件时，备用电源自动投入装置动作投入3DL实现备用电源自动投入功能。

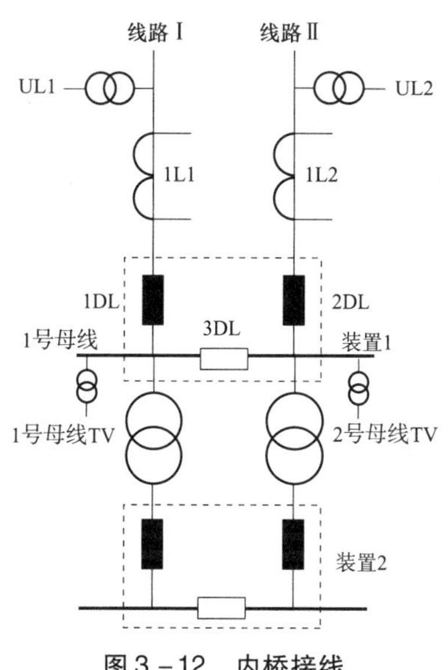

图3-12　内桥接线

闭锁“备用电源自动投入装置”条件：任一主变压器的差动保护、非电量保护、高后备保护及跳主变压器三侧保护应闭锁备自投，用闭锁压板控制投入，以防止主变压器内部故障及母线故障时，备自投合3DL于故障。

26. 以SEL－351继电器为例，说明35/110kV分段备自投原理。

答：SEL－351继电器中，SEL351A判断失压、有压，SEL35151实现备自投。35/110kW分段备自投的启动步骤为：

（1）检测母线失压，判据为母线电压互感器三组线电压均低于失压定值。

（2）检测相邻母线有压，判据为母线电压互感器三相线电压中任意一相线电压高于有压鉴定值。

（3）判断有压母线电源开关合位、备自投小开关合位、电压互感器小开关全部合位。

（4）经延时，跳开失电母线电源开关。

（5）确认失电母线进线开关在分位，开放备自投后加速（低压过流，零压零流）。

（6）合上母联/分段开关，备自投后加速开始计时。若合于故障，则备自投后加速跳开分段或母联开关，同时闭锁备自投；若无故障，1s后退出。

27. 可能涉及备自投动作的故障类型有哪些？

答：（1）失去一路电源（上级线路故障）。

（2）差动保护或瓦斯保护（跳主变压器高低压侧断路器）。

（3）低压出线相间短路故障，线路断路器拒动，主变压器后备保护（过流）延时跳主变压器高低压侧断路器；低压出线接地故障，线路断路器拒动，主变压器后备零流一阶段动作，跳主变压器低压侧断路器。

（4）母线相间短路故障，主变压器后备保护（过流）延时跳主变压器高低压侧断路器；母线接地故障，主变压器后备零流一阶段动作，跳主变压器低压侧断路器。

28. 试述110kV“手拉手”接线模式中自愈系统的原理。

答：图3－13为典型110kV“手拉手”接线模式，有2条供电环网，分别是A1－C1－C2－D1－D2－E1－E2－B1和A2－C4－C5－D4－D5－E4－E5－B2，所有220kV和110kV站的分段开关正常运行时断开。C1和E5正常运行时断开，作为两条供电环网的母线联络开关。

自愈系统的基本原理为：

（1）根据链式结构串供变电站系统的正常运行方式，自动识别出处于开环点的断路器。

（2）以开环点的断路器为基本点，设置对应于该种运行方式下发生不同故障点时的自愈系统动作逻辑。随着正常运行方式的变化，若开环点不同，相应的自愈系统动作逻辑也不同。

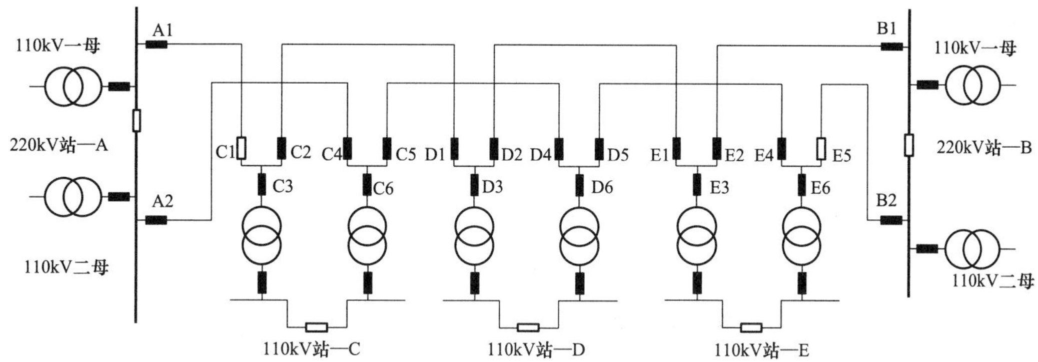

图3－13 典型110kV“手拉手”接线模式示意图

（3）在当前正常运行方式下，若链式结构串供变电站系统的某处发生故障导致后级站失电时，自愈系统首先识别出该故障发生的位置，然后跳开紧邻故障点失电站的原主供电源断路器，若由于小电源的存在而导致失电站母线未达到无压条件时可以切除小电源（小电源可能在35kV侧或10kV侧，多个站的小电源或一个站有多个小电源均可同时切除）。在确认紧邻故障点失电站母线无压后，合上串供回路原处于开环点的断路器，由另一侧电源恢复对所有失电站的供电。

29. 什么情况下应该停用主站110kV自愈系统？

答：（1）串供回路运行方式调整前。

（2）串供回路一次设备检修停役前（包括改冷备用）。

（3）串供回路上母差保护或纵差保护正常停役前。

（4）光纤通道故障发信后。

（5）串供回路上发生事故跳闸导致设备失电后。

（6）110kV自愈系统装置闭锁后。

（7）110kV自愈动作，联络点断路器后加速保护动作。

（8）其他有可能造成110kV自愈系统控制装置拒动或误动的情况。

30. 110kV自愈系统的闭锁条件是什么？

答：（1）开环点断路器变为合位或110kV自愈系统发出合闸命令。

（2）遥跳或手跳任意一个串供断路器。

（3）当备用电源不满足有压条件时，延时15s。

（4）当串供断路器检修时投入对应的检修压板。

（5）110kV自愈系统发出跳闸、合闸命令后相应的串供断路器拒动。

（6）110kV自愈系统发出跳闸命令后，被跳的串供断路器与开环点之间的变电站不满足母线无压条件，经50s延时。

（7）串供断路器位置异常时有选择性闭锁：未发生故障时仅报警；发生故障时若需

跳的串供断路器位置异常，则向开环点方向寻找位置正常的串供断路器跳闸，若到开环点之间已无位置正常的串供断路器，则放电。

（8）串供站间通信异常时闭锁：若收不到任一串供站信息，则闭锁110kV自愈系统。

（9）根据故障点位置来确定是否闭锁自投，例如母线故障应闭锁故障站的自投，后级失电站应可自投。

（10）110kV自愈系统动作过后需人工确认后才能再次进行充电。

31. 自愈系统和就地常规备用电源自动投入装置的关系是什么？

答：如图3－14所示的串供回路中，220kV站A、B的110kV侧配置了备用电源自动投入装置（整定动作时间一般3～4s），110kV站C、D、E的110kV侧无备用电源自动投入装置，而10kV侧均配置了备用电源自动投入装置（整定动作时间一般2.5～3s）。

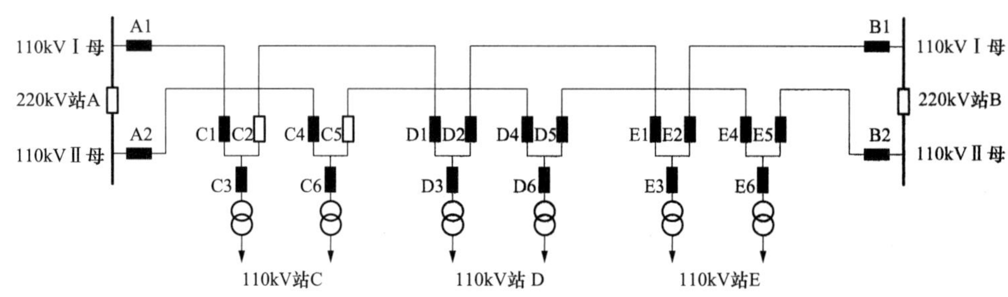

图3－14　串供系统示意图

如果在串供回路上110kV电压等级发生故障，则自愈系统可以通过时间整定而优先动作（动作时间误差ms级）。如果自愈系统动作成功，110kV失电站即可恢复供电，其10kV侧的备用电源自动投入装置会自动返回不动作。如果自愈动作不成功，110kV失电站的10kV侧的备用电源自动投入装置会接着动作。

如果串供回路的电源站A或B的上级失电，则站A或B的110kV侧备用电源自动投入装置会动作，而由于自愈系统的整定时间短，自愈系统会先于站A或B的110kV侧备用电源自动投入装置而动作。

32. 试述自愈系统的后加速保护。

答：装置对一进一出两条线路分别配置了合闸后加速保护，包括手合于故障加速跳以及自愈系统动作合闸于故障加速跳，可选择经复压闭锁。合闸后加速保护开放时间为3s，在此期间内若该保护启动，则一直开放到故障切除。

33. 自愈系统故障定位逻辑是什么？

答：（1）有保护动作，包括线路光纤纵差保护动作和母差保护动作，判定为保护范围内发生故障。

（2）串供线路非开环点断路器分位，线路无流。如果该断路器分位无流前既没有故障相电流也没有故障零序电流或者负序电流，则判为断路器偷跳；如果该断路器分位无流前有故障相电流（即断路器变位前100ms内，流过断路器的相电流大于故障相电流定值持续超过10ms），且该断路器的线路对侧断路器同一时刻无故障相电流或有故障相电流但方向是流向线路，则故障在这两个断路器之间；如果该断路器分位无流前有故障零序电流（即断路器变位前100ms内，流过断路器的零序电流大于故障零序电流定值持续超过10ms），且该断路器的线路对侧断路器同一时刻无故障零序电流，则故障在这两个断路器之间；否则，判定是下一级线路发生故障；如果该断路器分位无流前有故障负序电流（即断路器变位前100ms内，流过断路器的负序电流大于故障负序电流定值持续超过10ms），且该断路器的线路对侧断路器同一时刻无故障负序电流，则故障在这两个断路器之间；否则，判定是下一级线路发生故障。

（3）电源站A或B的110kV母线失压（品质有效）、出线无流，判定为电源站A或B的110kV母线或主变压器及以上发生故障。

（4）开环点某一侧的变电站母线无压（品质有效）、进线无流，则判定该站失电，再检测上级站是否母线无压（品质有效）、进线无流，逐级定位至最前级的失电站。

（5）综合上述各种判据，选择最靠近开环点的故障点，作为自愈系统的动作依据。

34. 以开环点为D2断路器的110kV“手拉手”接线方式（图3－15）为例，说明自愈系统的充电条件。

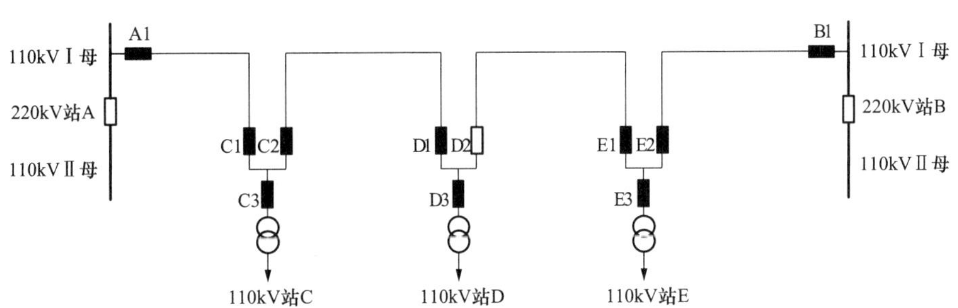

图3－15 链式串供结构示意图

答：自愈系统的充电条件（“与”的关系）：

（1）各站母线均三相有压。

（2）D2断路器在分位，其他串供断路器（A1、C1、C2、D1、E1、E2、B1断路器）均在合位。所有断路器没有TWJ位置异常报警。

（3）自愈系统功能投入（控制字和压板）。

（4）不满足任何放电条件。

同时满足以上条件，经延时后充电完成。

35. 以开环点为D2断路器的110kV“手拉手”接线方式（图3-15）为例，说明自愈系统的放电条件。

答：自愈系统的放电条件（“或”的关系）：

（1）开环点断路器合位或自愈系统发出合闸命令经短延时。

（2）遥跳、手跳开环点以外的任一串供断路器（同中为A1、C1、C2、D1、E1、E2、B1断路器）（通过KKJ来识别）。

（3）站A和B的110kV母线都无压，经15s延时。

（4）自愈系统发出跳闸命令后相应的串供断路器拒动。

（5）自愈系统发出跳闸命令后，被跳的串供断路器与开环点之间的变电站不满足母线无压条件，经50s延时。

（6）串供断路器位置异常时：未发生故障时仅报警，发生故障时若需跳的串供断路器位置异常，则向开环点的方向寻找位置正常的串供断路器跳闸，若到开环点之间已无位置正常的串供断路器，则放电。

（7）与串供子站通信异常时：若收不到串内任一子站信息，则闭锁自愈系统。

（8）当串供回路的某个断路器检修时就地投入对应的检修硬压板，则自动闭锁自愈系统。

（9）自愈系统动作过后需人工确认后才能再次进行充电。

（10）根据故障点位置来确定是否闭锁自愈系统，例如开环站母线故障、开环点对侧变电站母线故障、开环点所在线路发生故障闭锁自愈系统。

（11）开环点两侧发生故障闭锁自愈系统。

36. 试述10kV双环网自愈系统的基本原理。

答：10kV双环网接线模式如图3-16所示，S1～S4为变电站10kV侧，环网采用开环运行方式，两侧变电站侧电源S1与S4、或S2与S3分别来自同一个变电站的不同10kV母线或不同变电站的10kV母线。双环网含1～6个数目不等开关站，采用单母分段接线，分段开环运行。

在被保护区域发生故障时，本系统在主动式（线路差动保护、后备保护等）保护动作后，快速针对故障未隔离区域进行故障隔离，待故障隔离完成后，快速恢复非故障失电区域的供电。其中自愈优先，在满足自愈合闸条件的情况下，优先合本串开环点断路器。在自愈放电后，延时200ms开放分段备自投动作出口。

除母线差动保护以及长延时的无压跳闸外，本自愈系统均需要感受到主干线断路器动作后，才会进行故障隔离与供电恢复。

37. 10kV双环网自愈系统的动作条件是什么？

答：自愈充电完成后，若处于跳位的自愈断路器一侧有压，另一侧无压，且主供回路

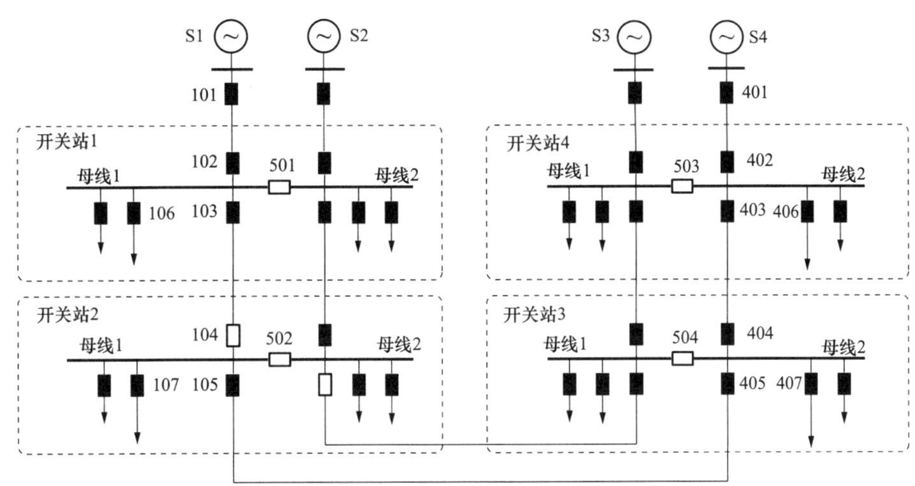

图 3－16　双环网 4 个开关站配置图

上有断路器跳开，经 T_{ch} 延时后自愈合闸（T_{ch} 为“自愈跳闸时间” +300ms）。若主供回路上有母线故障跳闸，或有断路器失灵动作，电源侧无压跳闸等，经固定 300ms 延时自愈合闸。

38. 什么是分布式 FA?

答：分布式馈线自动化（简称分布式 FA），由配电终端通过相互通信自动实现馈线的故障定位、隔离和非故障区域恢复供电的功能，并将处理过程及结果上报配电自动化主站。具有不依赖主站、动作可靠、处理迅速等优点。

分布式馈线自动化主要分为两种实现模式：速动型分布式馈线自动化、缓动型分布式馈线自动化。

如图 3－17 所示，手拉手单环开环运行（开关为断路器）接线方式适用于速动型分布式 FA。当发生故障时，系统应能在变电站出口断路器保护动作前，就地实现快速故障定位、故障隔离，并进行非故障区域恢复供电。

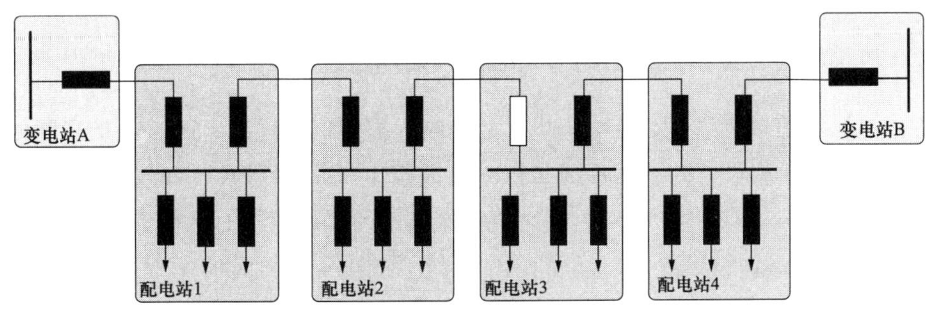

图 3－17　手拉手单环开环接线方式（开关为断路器）

如图 3－18 所示，手拉手单环开环运行（开关为负荷开关）接线方式适用于缓动型分布式 FA。发生故障时，系统应能就地实现快速故障定位；在变电站出口断路器跳闸切除故障后，快速地进行故障隔离，并恢复非故障区域供电。

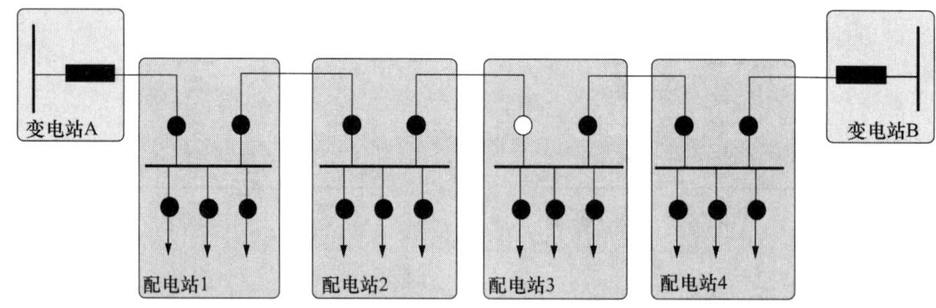

图3－18　手拉手单环开环接线方式（开关为负荷开关）

39. 试述低频、低压解列装置的作用。

答：当大电源切除后发供电功率严重不平衡，将造成频率或电压降低，如用低频减负荷不能满足安全运行要求时，须在某些地点装设低频或低压解列装置，使解列后的局部电网保持安全稳定运行，以确保对重要用户的可靠供电。

40. 低频、低压解列装置一般装设在系统中的哪些地点？

答：在系统中的如下地点，可考虑设置低频、低压解列装置：

（1）系统间联络线。

（2）地区系统中从主系统受电的终端变电站母线联络断路器。

（3）地区电厂的高压侧母线联络断路器。

（4）专门划作系统事故紧急启动电源专带厂用电的发电机组母线联络断路器。

41. 何谓振荡解列装置？

答：当电力系统受到较大干扰而发生非同步振荡时，为防止整个系统的稳定被破坏，经过一段时间或超过规定的振荡周期数后，在预定地点将系统进行解列，该执行振荡解列的自动装置称为振荡解列装置。

42. 故障解列装置和安全自动解列装置应如何整定？

答：（1）故障解列装置是在电网发生故障时为提高保护性能、改善保护之间的配合关系而装设的解列装置，测量元件通常以电网故障电气量为判据（如故障时的过电流、低电压、零序电压、零序电流等），其定值按保预定的解列范围有足够的灵敏系数整定，同时，还应可靠躲过常见运行方式下的正常电气量或正常运行时的不平衡电气量。动作时间可根据解列的需要整定，不与其他保护配合。

（2）安全自动解列装置是为防止电网发生电压崩溃、频率崩溃、系统振荡等稳定事故而装设的解列装置，测量元件通常以电网运行时的异常电气量为判据（如低电压、低频率、过负荷、功率倒向、功角变化等）。为防止电网故障时安全自动解列装置误动作，一些安全自动解列装置的动作时间需要躲过系统保护切除故障的时间。安全自动解列装置可根据电网运行要求并参照有关规定和说明整定。

43. 华东电网系统合格周率多少、事故周率多少？ 系统频率过高或者过低有何危害？

答：系统正常标准周波是50Hz。华东电网频率超过50±0.2Hz时为事故周波（国网频率50±0.5Hz）；电网解列后容量为300万kW以上时，超过50±0.2Hz为事故周波（50±0.2Hz不超过30min，50±0.5Hz不超过15min）；电网解列后容量为300万kW以下时，超过50±0.5Hz为事故周波（50±0.5Hz不超过30min，50±1Hz不超过15min）。

周波过高或过低的危害：电力系统的频率是电能质量的重要指标，它能够反映系统的有功功率是否平衡。当系统发送的有功功率有缺额时，系统的频率就会下降，此时不仅将影响用户的供电质量，还有可能使发电厂汽轮机的叶片因振动变大而断裂，甚至使电力系统产生频率雪崩或电压雪崩，造成大面积电网停电事故，甚至使整个电力系统瓦解，危害十分巨大，因此需要采用按周波保护和紧减拉路进行频率控制；而当系统发送的有功功率有盈余时，频率就会上升，超过额定功率，会影响用户的供电质量，此时可以通过调节发电厂的供电出力进行平衡。

44. 何谓低频减载装置？ 低频减载装置的动作轮次应满足哪些要求？ 容量配置有哪些原则？

答：为了提高供电质量，保证重要用户供电的可靠性，当系统中出现有功功率缺额引起频率下降时根据频率下降的程度，自动断开一部分不重要的用户，阻止频率下降，以使频率迅速恢复。电力系统中这种保护措施称为自动低频减载，又称按周波减载。

低频减载装置具有df/dt闭锁功能，防止由于短路故障、负荷反馈、频率的异常情况可能引起的误动作；具有低压闭锁功能，低电压闭锁值推荐为30V，由根据频率算法的精度要求自行固化；具有PT断线闭锁功能。

低频减载装置的动作轮次应满足以下要求：

（1）基本段快速动作，基本段一般按频率分为若干级。装置的频率整定值应根据电力系统的具体条件，保证大型火电厂安全运行，以及由继电器本身的特性等因素决定。起始运行频率，宜取为49Hz。

（2）后备段带较长时限。后备段可分为若干级，最小动作时间约为10～15s。低频减负荷装置的配置及其断开负荷的容量，应根据最不利的运行方式下发生事故时整个电力系统或其各部分实际可能发生的最大功率缺额来确定。例如考虑断开孤立发电厂中容量最大的发电机，断开输送功率最大的线路或断开容量最大的发电厂，以及考虑由于联络线事故断开而引起电力系统解列等。

45. 华东电网低频减载分别有几轮？ 切除容量要求如何？

答：华东电网低频减负荷装置需设置6个基本轮次、2个特殊轮次（见表3－1）。

基本轮按轮次动作，必须在第一轮切除后，才可以允许切除第二轮，以此类推；如果第二轮退出则判下一轮。特殊轮不按轮次动作。特殊轮的作用是当在该频率下经过第一轮（0.5s）减载以后，频率并没有达到预想的频率，但也没有继续下降到更低一档的频率时，经过20s后再减载一轮，确保频率有所回升。

表3－1 轮次

轮　次	整定频率/Hz	整定时间/s
第一轮	49.0	0.5
第二轮	48.75	0.5
第三轮	48.5	0.5
第四轮	48.25	0.5
第五轮	48	0.5
第六轮	47.5	0.5
特殊第一轮	49.0	20
特殊第二轮	48.5	20

根据上海电网的运行特点，低频减负荷比率原则上要求大于等于电网总受电比率10～15个百分点。自动低频减负荷方案总量约占全网下一年度预计最高用电负荷的45%～55%。

若预计的年度最大受电比率分别大于30%、35%，则电网第一轮低频减负荷容量必须约占电网年度预计最大负荷的7%、10%及以上。若大于40%，则必须约占电网预计最大负荷的15%以上，同时要求电网或分区电网配置相应的稳定控制装置。

46. 为什么能用带滑差闭锁的低频减载装置区别因系统功率缺额引起频率变化和由负荷反馈电压引起的频率变化？

答：通常系统功率缺额时，系统频率按系统动态特性下降，其下降速率（俗称滑差）一般较慢，而接有大容量电动机负载的母线一旦失去电源，由于其转子的惯性作用，电枢尚有电动势发生，使母线尚存电压反馈，但由于它是由转子动能发电的，故其频率下降速率很大，据统计下降速率大于3Hz/s。所以，根据这种频率下降速率的不同，以整定下降速率Hz/s的方法来区别之，防止由负荷反馈电压引起的低频减载装置误动。

47. 低频减载，当不采用滑差闭锁时，躲负荷反馈的时限怎么考虑？

答：由于负荷反馈电压衰减的时间常数与负荷的构成有关，最严重的情况是从额定电压下降到0.5倍额定电压的时间长达1s以上。在1s左右反馈电压的频率往往低于电磁式低频继电器的动作频率，为了防止误动作，其出口延时必须大于反馈电压从额定电压下降到0.15倍额定电压的时间，一般取1.5s，才能防止最严重情况下的误动，采用数字低频继电器因其有50～60V的电压闭锁，该时间可以降到0.5s。

48. 何谓自动低压减载？

答：自动低压减载是自动限制电压降低、提高电力系统电压稳定性和防止电压崩溃事故发生的一种有效的紧急控制措施。配置自动低压减负荷措施的目的是为了在系统中发生扰动后或负荷持续增加过程中，在电网中某些母线电压下降到不可接受的水平之前，通过自动切除一部分负荷，阻止电压的进一步下降，使保留运行的系统电压能迅速恢复到一个较安全的水平之上，不发生电压崩溃，从而保证系统的安全稳定运行和向重要用户的不间断供电。减负荷措施能够满足电力系统对于保持系统的暂态电压稳定性和/或中长期电压稳定性的要求。

3.2 提高部分

49. 采用单相重合闸为什么可以提高暂态稳定性？ 请画图说明。

答：采用单相重合闸后，由于故障切除的是故障相而不是三相，在切除故障相后至重合闸前的一段时间，送电端和受电端没有完全失去联系（电气距离与切除三相相比，要小得多），如图 3－19 所示。这就可以减少加速面积，增加减速面积，提高暂态稳定性。

同步发电机的有功特性：

$$P = E_d U \sin\delta / X_d$$

式中 P——发电机输出的有功功率，对发电机产生制动的电磁转矩。

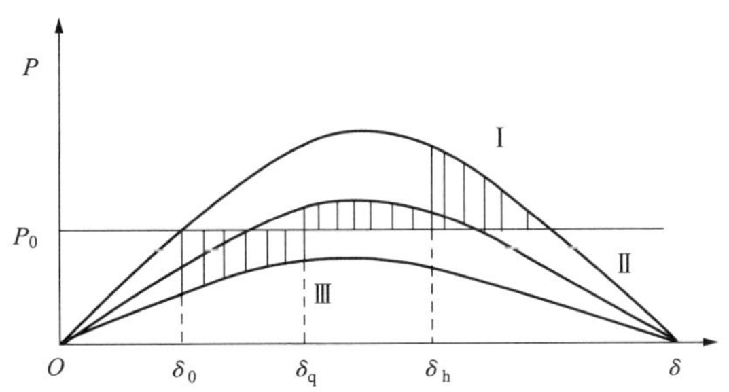

图 3－19 故障前后的功角特性曲线

Ⅰ—故障前的功角特性曲线；Ⅱ—切除一相后的功角特性曲线；Ⅲ——相故障后的功角特性曲线；δ_0—故障开始时刻的功角；δ_q—故障切除时刻的功角；δ_h—单相重合时刻的功角

如图 3－19 所示，采用综合重合闸后，当功角达到 δ_h 时，重合成功，运行点从曲线Ⅱ跃升到曲线Ⅰ，增加了减速面积，提高了暂态稳定性。

50. 试通过画图分析重合于永久性故障时对系统暂态稳定的不利性。

答：如图 3－20 所示的系统，δ_0时始端发生短路故障，δ_C时故障线路切除。

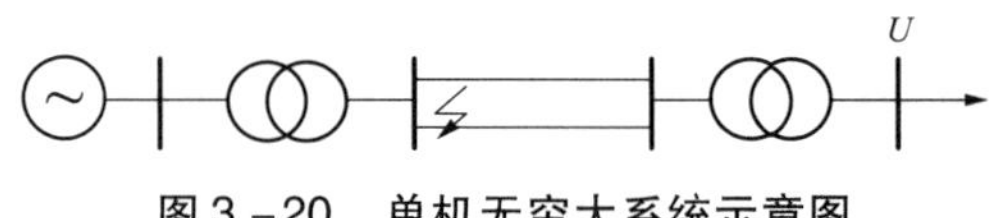

图3－20　单机无穷大系统示意图

在图3－21中，P_{I}曲线为系统正常运行时的功角特性曲线；P_{II}为故障存在时的功角特性曲线；P_{III}为故障切除后的功角特性曲线。

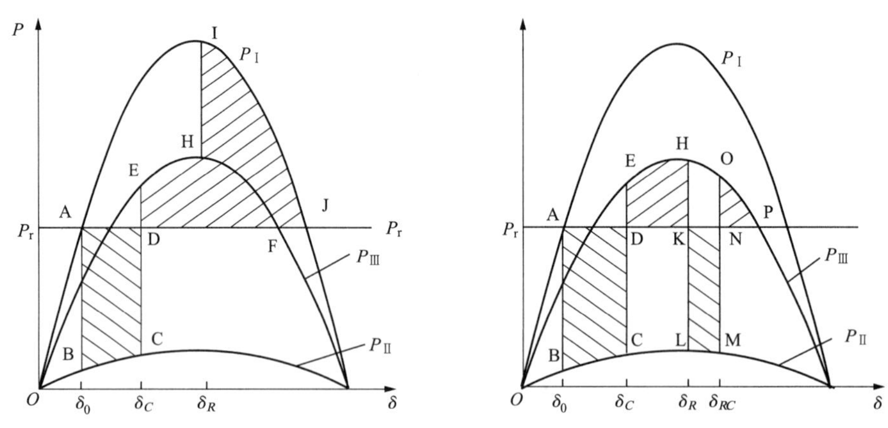

图3－21　重合成功和不成功时的功角特性曲线

图3－21左为采用重合闸且重合成功时的情况，δ_R为重合时的角度。加速面积为ABCD，最大减速面积为DEHIJ。

图3－21右为重合于永久性故障时的情况，δ_{RC}为断路器再次切除故障线路时的角度。加速面积为ABCD＋KLMN，最大减速面积为DEHK＋ONP。加速面积比重合成功时增大了，最大减速面积比重合成功时减小了，所以对系统的暂态稳定性不利。

51. 双母线分段备自投配置案例说明。

如图3－22所示220kV变电站，35kV为双母线分段接线方式，35kV备自投投入，同时35kV母线上接有小电源上海3001线和上海3002线。

答：1号母联自切为1、2号主变压器互切，2号母联自切为2、3号主变压器互切，35kV正母分段自切为1、3号互切。

正常运行方式下，35kV 1、2号母联及正母分段均为分位，1号母联为双向自切，2号母联为单向自切，正母分段自切退出。

35kV备自投将联跳小电源，即当备自投跳开主变压器对应35kV开关时，会联跳对应母线上的上海3001或上海3002。若上海3001、3002与不同主变压器同母运行时，相应联切小电源应切向对应主变压器位置。若无对应主变压器，则切向停用位置。

52. 内桥分段备自投配置案例说明。

如图3－23所示110kV变电站，3路进线L1249、L1250、L1289，110kV为内桥接线

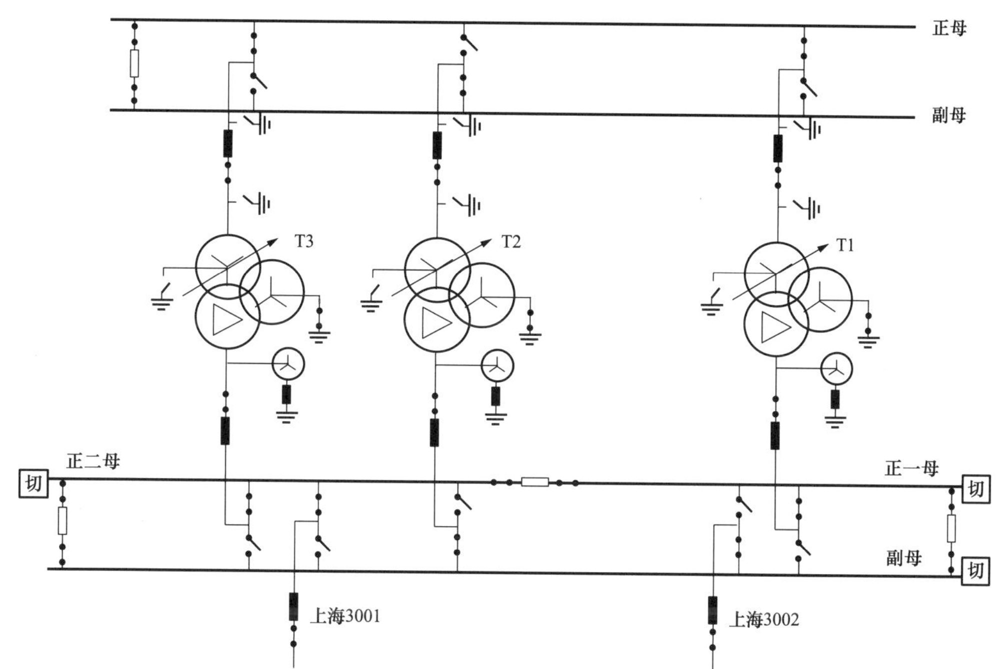

图 3－22　双母线分段备自投配置案例

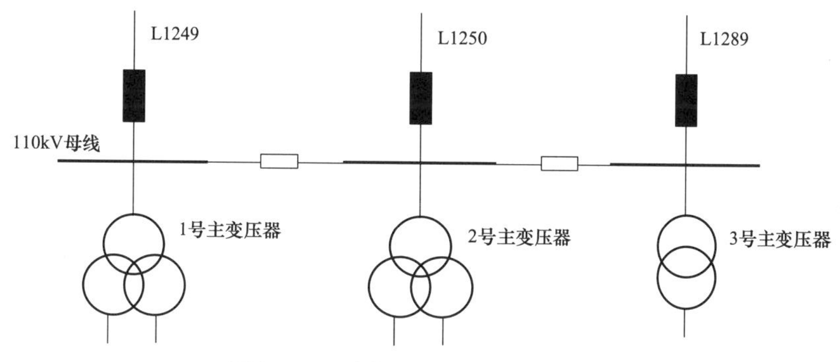

图 3－23　内桥分段备自投配置案例

方式，110kV 一/二分段、二/三分段正常为分位，110kV 内桥备自投投入。

答：110kV 一/二段分段为单向自切，110kV 二/三分段为双向自切。L1249 失电，一/二分段自切动作，L1250 带 1 号、2 号主变压器及其负荷；L1250 失电，二/三分段自切动作，L1289 带 2 号、3 号主变压器及其负荷。

L1249 与 L1250 同时失电，二/三分段先动作，L1289 带 2 号、3 号主变压器及其负荷，由于 110kV 压变在线路进线侧，一/二段分段自切不会动作的。

该站两个分段自切不能均设置为双向自切，否则当 L1250 失电，两个分段可能同时动作，将导致 L1249 和 L1289 合环。

需注意的是，内桥自切若合于故障，由主变压器保护切除故障，主变压器保护动作则闭锁内桥自切。

53. 上海地调管辖范围内 35kV/110kV 和 10kV 的备自投有何区别?

答：上海中低压保护典型设计标准化后，备自投方式分两种，一种为 35kV/110kV 备自投方式，另一种为 10kV 备自投方式，各自备自投回路逻辑原理也稍有区别，详见表 3－2 所示。

表 3－2　两种备自投的区别

方式	失压跳闸回路启动所判电源断路器	合闸回路启动条件
35kV/110kV 备自投	判有电侧电源断路器在合位	除失电侧电源断路器跳闸外，还需收到失压跳闸回路启动信号
10kV 备自投	判失电侧电源断路器在合位	仅需失电侧电源断路器跳闸

（1）失压跳闸回路。对于失压跳闸回路的启动条件，10kV 备自投判失电侧电源断路器在合位，35kV/110kV 备自投判有电侧电源断路器在合位。

（2）合闸回路。当 10kV 分段备自投投入情况下，拉开任一母线上主变压器 10kV 断路器（或者主变压器后备保护动作开关跳闸），分段备自投动作，不经延时立即合分段断路器，而 35kV 备自投为延时合分段。

（3）联跳回路。对于三主变四分段接线，10kV 备自投增加了联跳回路，以一/二分段开关为例，联跳条件如下：①Ⅰ段备自投投/退开关投入。②分段开关合闸位置。③2 号主变压器 2B－2DL 合位。④二/三分段开关Ⅱ2 段备自投投/退开关投入。

当上述条件均满足时，延时跳开 2 号主变压器 2B－3DL 开关，使二/三分段备自投动作，将负荷切至 3 号主变压器，以减轻 2 号主变压器负担。

注意：为防止 T1、T3 同时失电，联跳回路动作引起全站失电，两台分段开关联跳延时必须有级差。

54. 说明案例中的保护及自动装置动作情况。

如图 3－24 所示，110kV 变电站内桥接线方式，110kV/35kV 分段备自投投运。110kVⅠ段母线压变故障，1 号主变压器差动保护拒动（主变压器 110kV 后备保护取 110kV 套管 TA，主变压器单套微机保护）。说明该情况下，保护及自动装置动作情况。

答：线路Ⅰ对侧线路保护动作，开关跳闸（重合不成）。110kV 备自投动作，跳 1DL 开关，合 110kV 分段 3DL 开关，110kV 备自投后加速动作跳闸。35kV 侧分段备自投动作，2 号主变压器带全站负荷。

55. 35kV 内桥接线变电站，35kV 备自投不动，是何原因？ 如何处理？ 备自投不成功，是何原因？ 如何处理？

答：如图 3－25 所示。

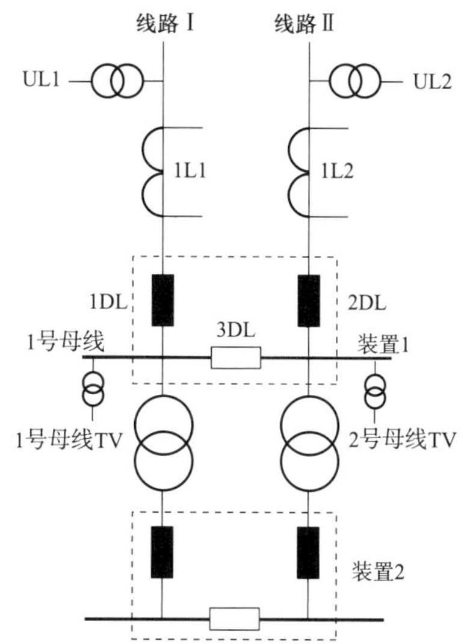

图3－24　110kV 变电站内桥接线示意图

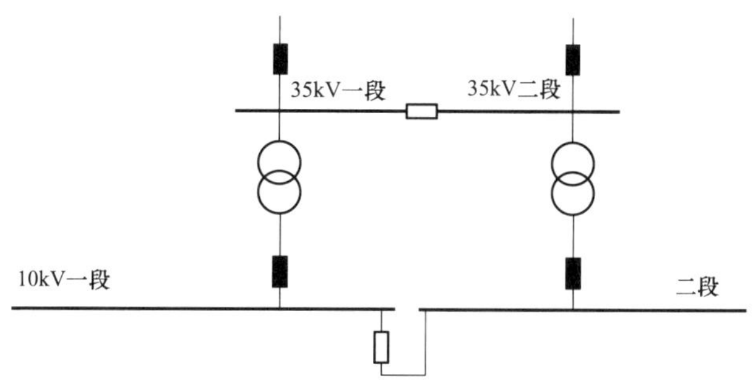

图3－25　内桥接线方式

（1）35kV 备自投不动可能的原因有：

1）电压互感器内部有故障，备自投回路中有短线，接触不良，失去直流电源等；

2）两条母线同时失电，备自投应不会动。

处理方法：

清除电压互感器故障及备自投回路断线、接触不良问题，修复低电压继电器接点故障，恢复直流电源。

（2）35kV 备自投不成功原因有：

1）备自投回路启动后，35kV 进线开关拒动；

2）35kV 分段开关拒动；

3）35kV 备自投后加速跳闸。

处理方法：

1）若35kV 进线开关拒动，则拉开35kV 进线开关，让备自投动作，再停用35kV 备自投，35kV 进线改冷备用；

2）若35kV 分段开关拒动，则查明主变压器保护未动及主变压器 10kV 开关未跳，合上35kV分段开关，再停用35kV备自投，将35kV进线改冷备用；

3）若35kV备自投后加速跳闸，则查明如果为主变压器差动、瓦斯或35kV零流、过流拒动，造成上级35kV保护动作，35kV备自投动作后，备自投后加速跳闸，10kV母线无明显故障，则照母线失电处理；如果为主变压器过流拒动，也有可能为10kV母线或10kV出线故障，处理方法依母线故障处理。

56. 110kV黄龙变案例分析。

110kV黄龙变有直流接地现象，运维人员经调度员同意后，开始进行二次回路拉路检查。在拉路检查时，发生黄龙变全停事件。黄龙变初始接线及最终状态如图3－26、表3－3所示，以下是地调调控员看到的相关信息。请根据上述信息回答下列问题。

（1）图示110kV线路备自投一般的动作判据及动作逻辑是什么？

（2）根据信息表中的信息及接线图，推测该备自投的动作逻辑。

（3）根据信息表中的信息及接线图，解释该备自投动作的原因。

（4）论述该事件中，存在哪些导致全停的人为原因？

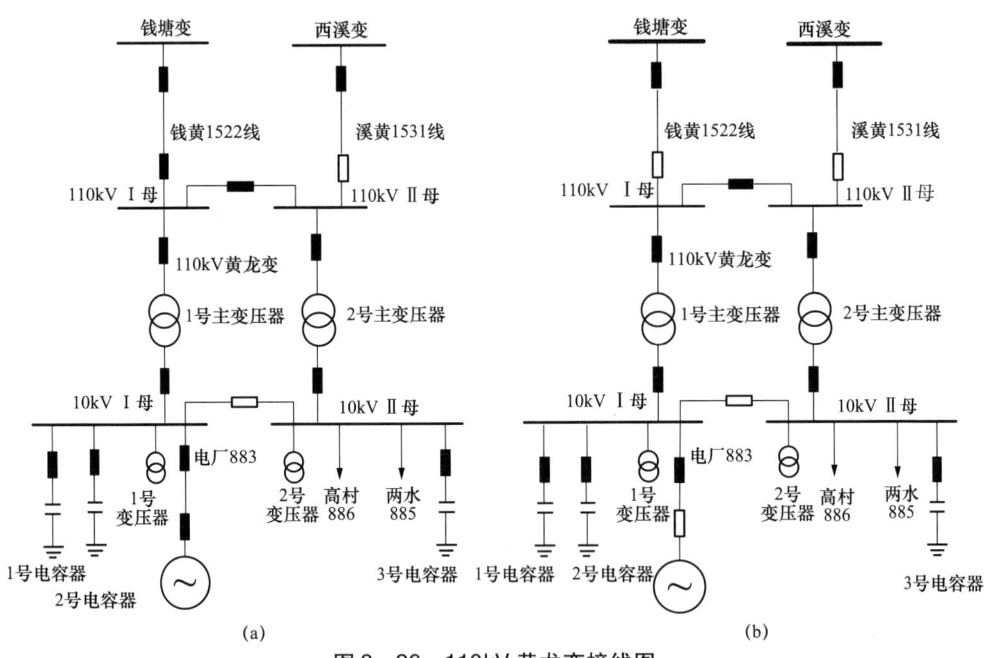

图3－26　110kV黄龙变接线图

（a）初始状态；（b）动作后状态

表3－3　动作状态

序号	时间	变电站	动作
1	12：00：00	黄龙变	直流接地动作
2	12：45：00	黄龙变	1号电容器10kV开关控制回路断线动作
3	12：45：03	黄龙变	1号电容器10kV开关控制回路断线动作复归
4	12：46：00	黄龙变	2号电容器10kV开关控制回路断线动作

续表

序号	时间	变电站	动作
5	12 : 46 : 03	黄龙变	2 号电容器 10kV 开关控制回路断线动作复归
6	12 : 46 : 30	黄龙变	溪黄 1531 线开关 SF_6 压力低告警 – 动作
7	12 : 47 : 00	黄龙变	1 号主变压器 10kV 开关控制回路断线动作
8	12 : 47 : 03	黄龙变	1 号主变压器 10kV 开关控制回路断线动作复归
9	12 : 48 : 00	黄龙变	2 号主变压器 10kV 开关控制回路断线动作
10	12 : 48 : 03	黄龙变	2 号主变压器 10kV 开关控制回路断线动作复归
11	12 : 49 : 00	黄龙变	电厂 883 线开关控制回路断线动作
12	12 : 49 : 03	黄龙变	电厂 883 线开关控制回路断线动作复归
13	12 : 49 : 03	黄龙变	电厂 883 线开关控制回路断线动作
14	12 : 50 : 00	黄龙变	高村 886 线开关控制回路断线动作
15	12 : 50 : 03	黄龙变	高村 886 线开关控制回路断线动作复归
16	12 : 51 : 00	黄龙变	1 号主变压器 10kV 开关控制回路断线动作
17	12 : 51 : 03	黄龙变	1 号主变压器 10kV 开关控制回路断线动作复归
18	12 : 52 : 00	黄龙变	2 号主变压器 10kV 开关控制回路断线动作
19	12 : 52 : 03	黄龙变	2 号主变压器 10kV 开关控制回路断线动作复归
20	13 : 00 : 00	黄龙变	2 号主变压器 110kV 开关控制回路断线动作
21	13 : 00 : 02	黄龙变	2 号主变压器 110kV 开关控制回路断线动作复归
22	13 : 01 : 00	黄龙变	1 号主变压器 110kV 开关控制回路断线动作
23	13 : 01 : 02	黄龙变	1 号主变压器 110kV 开关控制回路断线动作复归
24	13 : 02 : 00	黄龙变	钱黄 1522 线开关控制回路断线动作
25	13 : 02 : 02	黄龙变	钱黄 1522 线开关控制回路断线动作复归
26	13 : 03 : 00	黄龙变	溪黄 1531 线开关控制回路断线动作
27	13 : 03 : 02	黄龙变	溪黄 1531 线开关控制回路断线动作复归
28	13 : 03 : 03	黄龙变	溪黄 1531 线开关 SF_6 压力低闭锁 – 动作
29	13 : 04 : 00	黄龙变	110kV 母线 TV 并列装置直流电源消失动作
30	13 : 04 : 01	黄龙变	直流接地复归
31	13 : 04 : 02	黄龙变	110kV 母线 TV 并列装置直流电源消失动作复归
32	13 : 04 : 03	黄龙变	直流接地动作
33	13 : 04 : 10	黄龙变	110kV 母线 TV 并列装置直流电源消失动作
34	13 : 04 : 11	黄龙变	直流接地复归
35	13 : 04 : 13	黄龙变	110kV 母线 TV 并列装置直流电源消失动作复归
36	13 : 04 : 14	黄龙变	直流接地　动作
37	13 : 10 : 00	黄龙变	110kV 母线 TV 并列装置直流电源消失动作
38	13 : 10 : 01	黄龙变	直流接地　复归
39	13 : 10 : 05	黄龙变	110kV 备自投装置动作

续表

序号	时间	变电站	动作
40	13：10：05	黄龙变	钱黄1522线开关分闸
41	13：10：07	黄龙变	110kVⅠ母电压越下限
42	13：10：07	黄龙变	110kVⅡ母电压越下限
43	13：10：07	黄龙变	10kVⅠ母电压越下限
44	13：10：07	黄龙变	10kVⅡ母电压越下限
45	13：10：10	黄龙变	10kVⅠ母电压正常
46	13：10：10	黄龙变	10kVⅡ母电压正常
47	13：12：00	黄龙变	10kVⅠ母电压越下限
48	13：12：00	黄龙变	10kVⅡ母电压越下限
49	13：12：10	黄龙变	10kVⅠ母电压正常
50	13：12：10	黄龙变	10kVⅡ母电压正常
51	13：15：00	黄龙变	10kVⅠ母电压越下限
52	13：15：00	黄龙变	10kVⅡ母电压越下限
53	13：15：02	黄龙变	高村886线10kV开关测保装置故障
54	13：15：02	黄龙变	高村886线10kV开关测保装置TV断线
55	13：15：02	黄龙变	两水885线10kV开关测保装置故障
56	13：15：02	黄龙变	两水885线10kV开关测保装置TV断线
57	13：15：02	黄龙变	高村886线10kV开关测保装置故障
58	13：15：02	黄龙变	1号电容器10kV开关测保装置TV断线
59	13：15：02	黄龙变	高村886线10kV开关测保装置故障
60	13：15：02	黄龙变	2号电容器10kV开关测保装置TV断线

答：（1）图示110kV线路备自投动作的判据是检110kV母线无压，进线无流，备用线路有压，且没有保护闭锁信号。动作逻辑是先跳开进线开关并确认，然后合备用线路开关。

（2）该备自投设置的动作逻辑可能为先跳开钱黄1522线开关，再切除电厂883开关，再合溪黄1531线开关。

（3）该备自投动作的原因可能为，现场人员检查直流接地拉路时，拉停110kV母线TV并列装置直流电源引起110kV母线二次失压。同时由于黄龙变下有电源，且与系统解列后小系统能较长时间运行，说明钱黄1522线潮流很小，因此备自投检无压无流条件均满足，所以备自投能动作。

（4）该事件中存在导致全停的人为原因如下：

1）拉停110kV母线TV并列装置直流电源前，未停用备自投；

2）电厂883开关控制回路电源拉合一次后跳开，未及时发现并处理；

3）发现溪黄1531线开关闭锁分合闸告警信息后，应及时退出备自投。

57. 说明图示110kV“手拉手”自愈系统的动作逻辑。

如图3－27所示的110kV“手拉手”自愈系统，C1和E5正常运行时断开，作为两条供电环网的母线联络开关。串内所有元件均应配置有选择性地快速主保护，即220kV站A、B的110kV侧配置母线保护装置，串内所有线路均应配置纵差保护（不包括支接的110kV终端线），并且应在110kV站C、D、E的每段110kV母线均配置母线保护装置。针对以下不同的故障点说明自愈系统的动作逻辑。

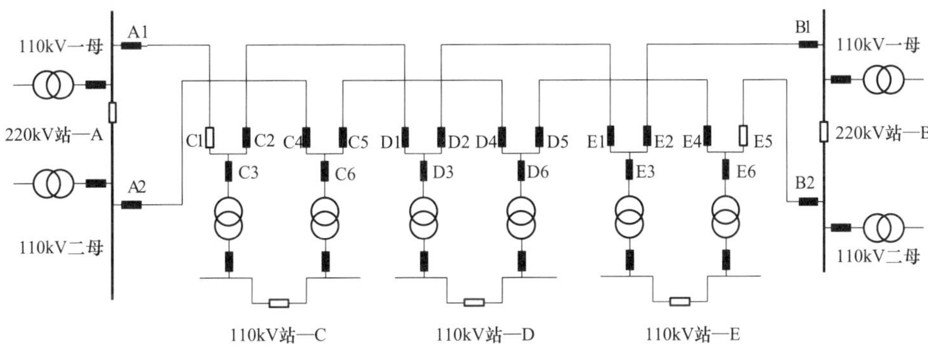

图3－27 典型110kV“手拉手”接线模式示意图

答：（1）线路故障。如图3－28所示，线路纵差保护动作，B1、E2断开，110kV变电站C、D和E的1号主变压器失电，此时自愈系统供电分析及智能恢复供电决策模块逻辑启动，合上C1，将C、D和E的1号主变压器负荷转移至A侧电源站。

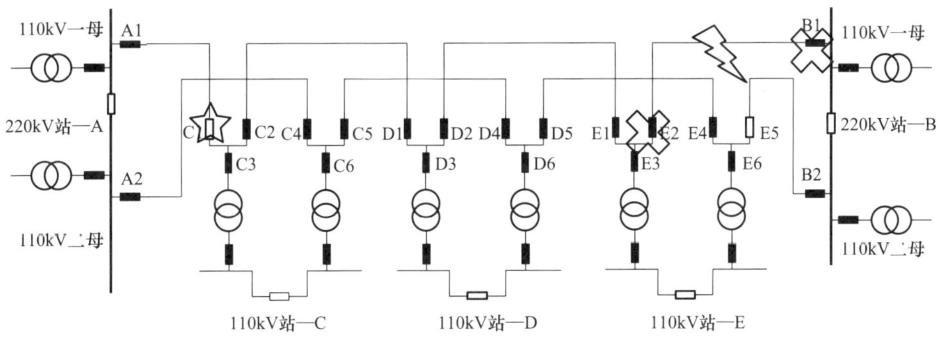

图3－28 线路故障接线示意图

（2）母线故障（一）。如图3－29所示，此时110kV变电站D站母线故障，母差保护动作，D1、D2、D3断开，此时自愈系统供电分析及智能恢复供电决策模块逻辑启动，断开紧邻故障点开关C2，合上C1，将C站的1号主变压器负荷转移至A侧电源站。D站内的1号主变压器负荷只能靠10kV侧自切转移。

（3）母线故障（二）。如图3－30所示，此时110kV变电站C站母线故障，母差保护动作，C1、C2、C3断开，此时自愈系统供电分析及智能恢复供电决策模块逻辑不动作。C站的1号主变压器负荷只能靠10kV侧自切转移。

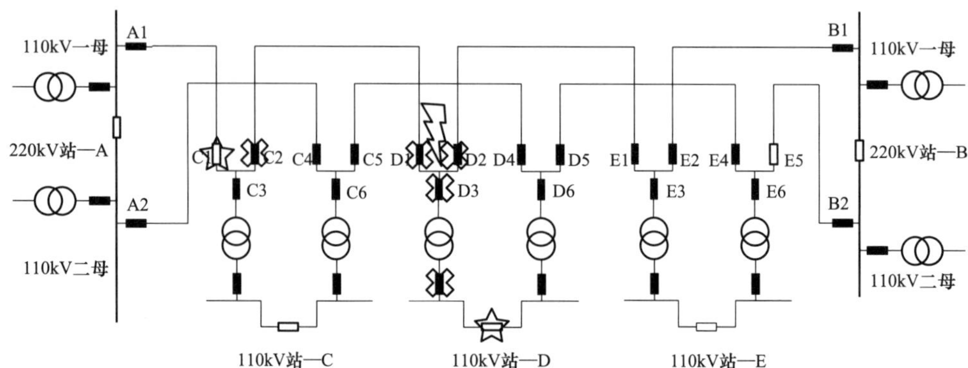

图 3－29　母线故障接线示意图（一）

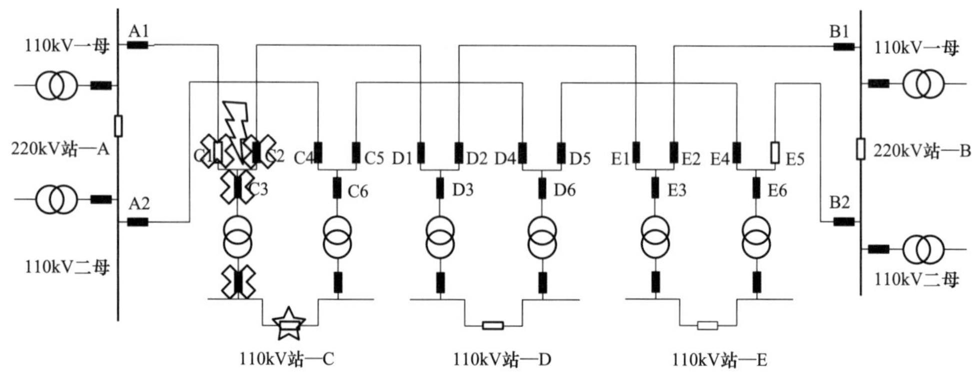

图 3－30　母线故障接线示意图（二）

（4）母线故障（三）。如图 3－31 所示，此时 220kV 变电站 B 站内 110kV 母线故障，此时自愈系统供电分析及智能恢复供电决策模块启动，断开 E2，合上 C1，将 C、D、E 的 1 号主变压器负荷转移至 A 侧电源站。

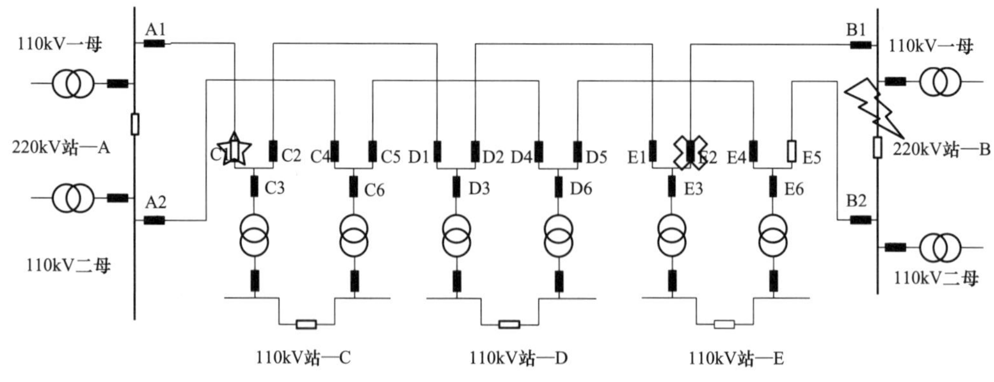

图 3－31　母线故障接线示意图（三）

58. 说明图示 10kV 双环网自愈系统的动作行为。

如图 3－32 所示的 10kV 双环网自愈系统，S1～S4 为变电站 10kV 侧，105 为开环

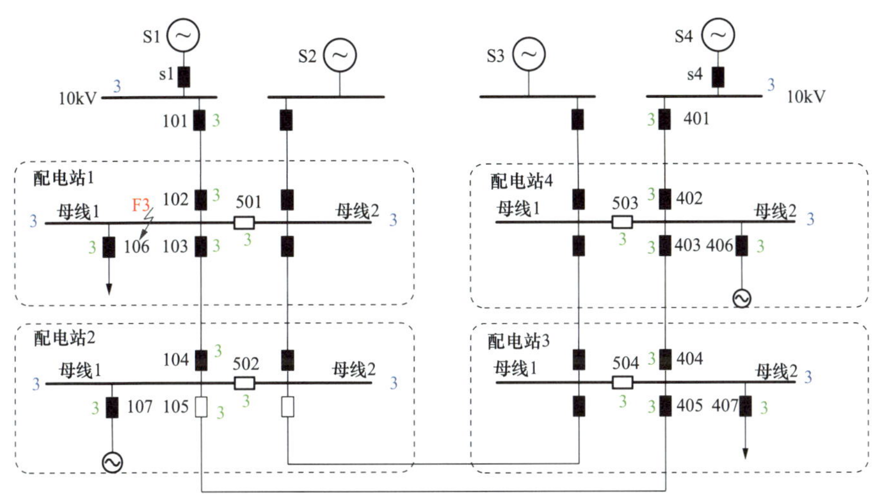

图 3 –32　双环网接线示意图

注：绿色数字表示功放电流相数，蓝色数字表示功放电压相数

点，母线差动保护投入，F3 相间永久故障，说明双环网自愈系统的动作行为。

（1）15.2～16ms，配电站 1 母线差动保护动作，跳开 102、103、及 501 开关。

（2）21.6～23.2ms，自愈系统故障隔离联跳 101、104 开关。

（3）84ms 联切 107 小电源。

（4）461ms 合 105 开关，恢复配电房 2 母线供电。

59. 10kV 手拉手单环开环运行方式案例分析。

如图 3 –33 所示，10kV 手拉手单环开环运行（开关为负荷开关）接线方式中，缓动型分布式 FA 投入使用，当配电站 2、3 间的线路发生故障时，分布式 FA 如何动作？若配电站 2 的 2 号开关拒动，则分布式 FA 如何动作？

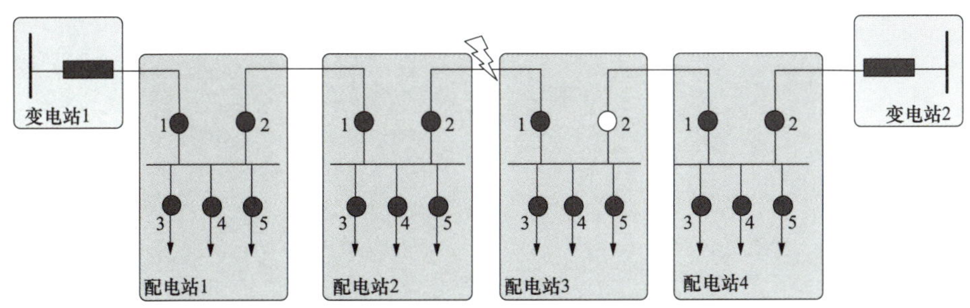

图 3 –33　手拉手单环开环运行方式中线路故障示意图

答：（1）当配电站 2、3 间的线路发生故障时，分布式 FA 启动，在变电站 1 出口开关跳闸之后，配电站 2 的 2 号开关分闸、配电站 3 的 1 号开关分闸，隔离故障；合上配电站 3 的 2 号开关（不过负荷时），恢复下游非故障区段供电，合上变电站 1 出口开关（遥控合闸、人工合闸或重合闸），恢复上游非故障区段供电，故障处理完成，

FA 结束。

（2）若配电站 2 的 2 号开关拒动，扩大一级则配电站 2 的 1 号开关分闸，合上配电站 3 的 2 号开关（不过负荷时），恢复下游非故障区段供电，合上变电站 1 出口开关（遥控合闸、人工合闸或重合闸），恢复上游非故障区段供电，故障处理完成，FA 结束。

4 配电网继电保护知识

4.1 基础部分

1. 电力系统继电保护的基本作用是什么？

答：电力系统继电保护的基本作用在于：

（1）有选择地将故障元件从电力系统中快速、自动地切除，使其损坏程度减至最轻，并保证最大限度地恢复无故障部分的正常运行。

（2）反映电气元件的异常运行工况，根据运行维护的具体条件和设备的承受能力，发出报警信号、减负荷或延时跳闸。

（3）依据实际情况，尽快自动恢复对停电部分的供电。

2. 举例说明继电保护装置包括哪几个部分。

答：继电保护装置包括测量部分（和定值调整部分）、逻辑部分、执行部分。

案例：继电保护装置基本组成框图如图4－1所示。

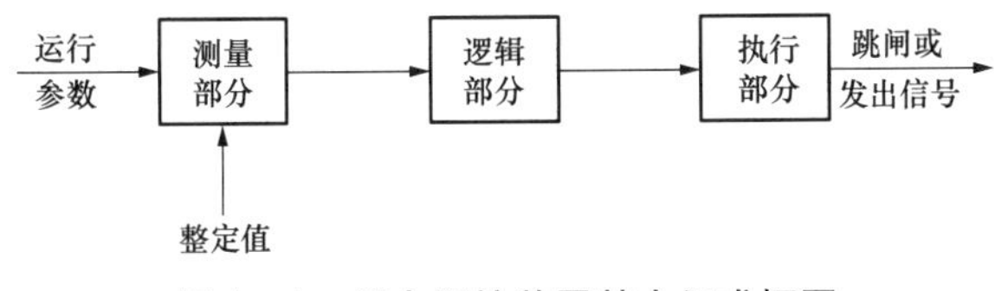

图4－1　继电保护装置基本组成框图

分析：测量部分从被保护对象输入有关信号，再与给定的整定值相比较，决定保护是否动作。根据测量部分各输出量的大小、性质、出现的顺序或它们的组合，使保护装置按一定的逻辑关系工作，最后确定保护应有的动作行为，由执行部分立即或延时发生报警信号或跳闸信号。

3. 电力系统中的电力设备和线路短路故障的保护有哪些？

答：电力系统中的电力设备和线路短路故障的保护应有主保护和后备保护，必要时可增设辅助保护。

（1）主保护是满足系统稳定和设备安全要求，能以最快速度有选择地切除被保护设备和线路故障的保护。

（2）后备保护是主保护或断路器拒动时，用以切除故障的保护。后备保护可分为远后备和近后备两种方式。

（3）辅助保护是为补充主保护和后备保护的性能或当主保护和后备保护退出运行而增设的简单保护。

（4）异常运行保护是反应被保护电力设备或线路异常运行状态的保护。

4. 继电保护装置应满足的基本要求是什么？

答：继电保护装置应满足可靠性、选择性、灵敏性和速动性的要求。这“四性”之间紧密联系，既矛盾又统一。

5. 举例说明继电保护的选择性指的是什么。

答：继电保护的选择性是指首先由故障设备或线路本身的保护切除故障，当故障设备或线路本身的保护或断路器拒动时，才允许由相邻设备保护、线路保护或断路器失灵保护切除故障。

案例：如图4－2所示的网络中，线路L1两侧的断路器分别为1DL和2DL，线路L2两侧的断路器分别为3DL和4DL，线路L3电源侧的断路器为5DL，线路L4电源侧的断路器为6DL，故障点d_1、d_2、d_3分别设置在线路L1、L4、L3上。

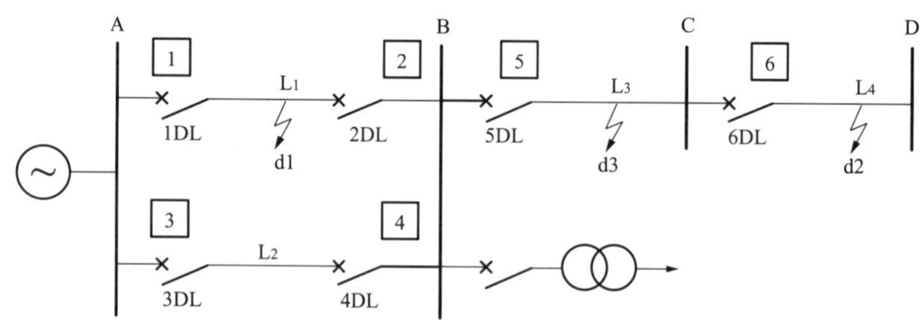

图4－2　电网保护选择性动作说明图

分析：当线路L4上d2点发生短路时，保护6动作跳开断路器6DL，将L_4切除，继电保护的这种动作是有选择性的。d2点故障，若保护5动作，将5DL跳开，则变电站C和D都将停电，继电保护的这种动作是无选择性的。同样，d1点故障时，保护1和保护2动作于跳开1DL和2DL，将故障线路L1切除，才是有选择性的。

6. 电网继电保护的整定不能兼顾速动性、选择性或灵敏性要求时，按何原则进行取舍？

答：如果由于电网运行方式、装置性能等原因，电网继电保护的整定不能兼顾速动性、选择性或灵敏性要求时，应执行如下原则合理地进行取舍：

（1）局部电网服从整个电网。

（2）下一级电网服从上一级电网。

（3）局部问题自行消化。

（4）尽量照顾局部电网和下级电网的需求。

（5）保证重要用户供电。

7. 为保证电网继电保护的选择性，上、下级电网继电保护之间逐级配合应满足什么要求？

答：上、下级电网（包括同级和上、下一级电网）继电保护之间的整定，应遵循逐级配合的原则，满足选择性的要求，即当下一级线路或元件故障时，故障线路或元件的继电保护整定值必须在灵敏度和动作时间上均与上一级线路或元件的继电保护整定值相互配合，以保证电网发生故障时有选择性地切除故障。

8. 电力系统中阶段式电流保护指的是什么？

答：电流速断保护、限时电流速断保护和过电流保护都是反应电流升高而动作的保护。它们之间的区别在于按照不同的原则来选择动作电流：速断是按照躲开本线路末端的最大短路电流来整定；限时速断是按照躲开下级各相邻线路电流速断保护的最大动作范围来整定；而过电流保护则是按照躲开本元件最大负荷电流来整定。

由于电流速断不能保护线路全长，限时电流速断又不能作为相邻元件的后备保护，因此为保证迅速而有选择性地切除故障，常常将电流速断保护、限时电流速断保护和过电流保护组合在一起，构成阶段式电流保护。具体应用时，可以只采用速断保护加过电流保护，或限时速断保护加过电流保护，也可以三者同时采用。

9. 举例说明什么是瞬时电流速断保护。

答：瞬时电流速断保护是反应线路故障电流增大而动作，并且没有动作延时，只有在被保护线路上发生短路时才动作。

案例：如图4－3所示单侧电源的辐射形电网，电流保护装设在线路始端，当线路发生三相短路或两相短路时，短路电流计算如下：

$$I_{k}^{(3)} = K_{\varphi}\frac{E_{\varphi}}{X_{s}+X_{k}} \tag{4-1}$$

式中　K_{φ}——短路类型系数，三相短路取1，两相短路取$\sqrt{3}/2$；

E_{φ}——系统等效电源的相电动势；

X_s——系统电源到保护安装点的电抗；

X_k——短路电抗（保护安装点到短路点的电抗）。

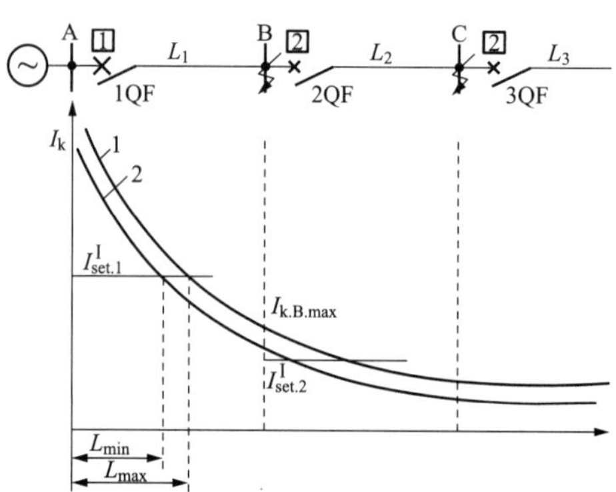

图4－3 瞬时电流速断保护工作原理示意图

分析：(X_s+X_k) 为电源至短路点之间的总电抗。当短路点距离保护安装点越远时，X_k越大，短路电流越小；当系统电抗越大时，短路电流越小；而且短路电流与短路类型有关，同一点三相短路电流大于两相短路电流（$I_k^{(3)}>I_k^{(2)}$）。短路电流与短路点的关系如图4－3中的 $I_k=f(L)$ 曲线，曲线1为最大运行方式（系统电抗为 $X_{s.min}$，短路时出现最大短路电流）下三相短路故障时的 $I_k=f(L)$，曲线2为最小运行方式（系统电抗为 $X_{s.max}$，短路时出现最小短路电流）下两相短路故障时的 $I_k=f(L)$。

瞬时电流速断保护只有在被保护线路上发生短路时才动作，如保护1必须只反应线路 L_1 上的短路，而对 L_1 以外的短路故障均不应动作。这就是保护的选择性要求，瞬时电流速断保护是通过对动作电流的合理整定来保证选择性的。

10. 举例说明什么是限时电流速断保护。

答：限时电流速断保护为了保证动作的选择性，保护的动作带有一定的时限，此时限的大小与其延伸的范围有关。

案例：限时电流速断动作特性如图4－4所示。

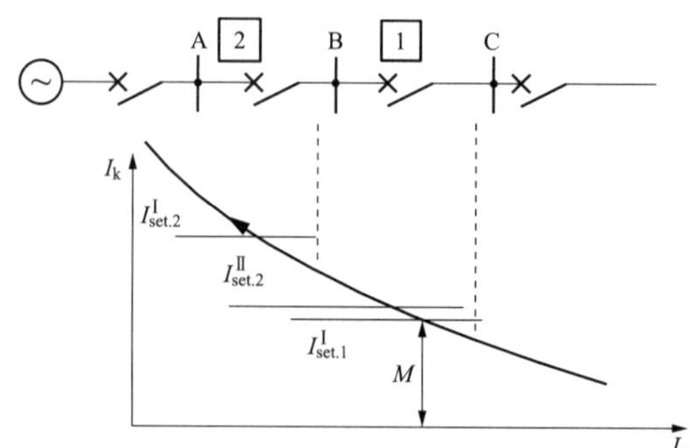

图4－4 限时电流速断动作特性

分析：图4-4中所示的限时电流速断保护2，因为要求保护线路的全长，所以它的保护范围必然要延伸到下级线路中去。这样当下级线路出口处发生短路时，它就要动作，是无选择性动作。为了保证动作的选择性，就必须使保护的动作带有一定的时限，此时限的大小与其延伸的范围有关。如果它的保护范围不超过下级线路速断保护的范围，动作时限则比下级线路的速断保护高出一个时间阶梯 Δt（一般取0.5s）。如果与下级线路的速断保护配合后，在本线路末端短路时灵敏性不足，则此限时电流速断保护必须与下级线路的限时电流速断保护配合，动作时限比下级的限时速断保护高出一个时间阶梯，为1s。

11. 举例说明什么是定时限过电流保护。

答：为防止本线路主保护（电流速断、限时电流速断保护）拒动和下一级线路的保护或断路器拒动，装设定时限过电流保护作后备保护。其中，保护启动后出口动作时间是固定的整定时间，称为定时限过电流保护。

案例：单侧电源放射形网络中定时限过电流保护工作原理说明如图4-5所示。

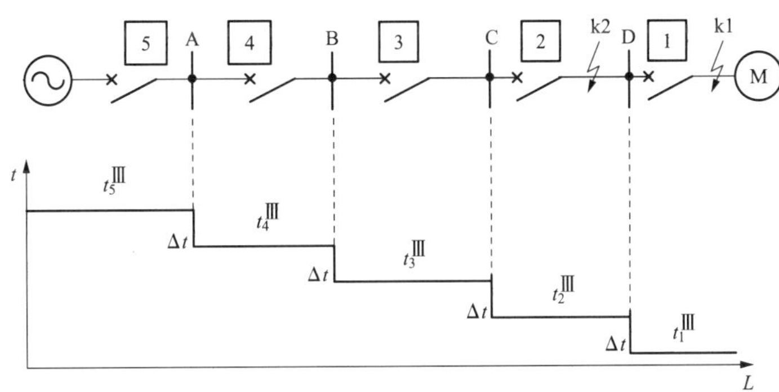

图4-5 单侧电源放射形网络中定时限过电流保护工作原理说明

分析：假定在每条线路首端均装有过电流保护，各保护的动作电流均按照躲开被保护元件上各自的最大负荷电流来整定。当k1点短路时，保护1~5在短路电流的作用下都可能启动，为满足选择性要求，应该只有保护1动作切除故障，而保护2~5在故障切除之后应立即返回。这个要求只有依靠使各保护装置带有不同的时限来满足。保护1位于电力系统的最末端，假设其过电流保护动作时间为 t_1^{III}，对保护2来讲，为了保证M点短路时动作的选择性，则应整定其动作时限 $t_2^{III} > t_1^{III}$，即 $t_2^{III} = t_1^{III} + \Delta t$。

依次类推，保护3、4、5的动作时限均应比相邻元件保护的动作时限高出至少一个 Δt，只有这样才能充分保证动作的选择性。

这种保护的动作时限，经整定计算确定之后不再变化且和短路电流的大小无关，因此称为定时限过电流保护。

12. 举例说明什么是反时限过电流保护。

答：为防止本线路主保护（电流速断、限时电流速断保护）拒动和下一级线路的保护或断路器拒动，装设定时限过电流保护作后备保护。其中，保护启动后出口动作时间与过电流的倍数相关，电流越大，出口动作越快，称为反时限过电流保护。

案例：反时限过电流保护的动作特性如图4-6所示。

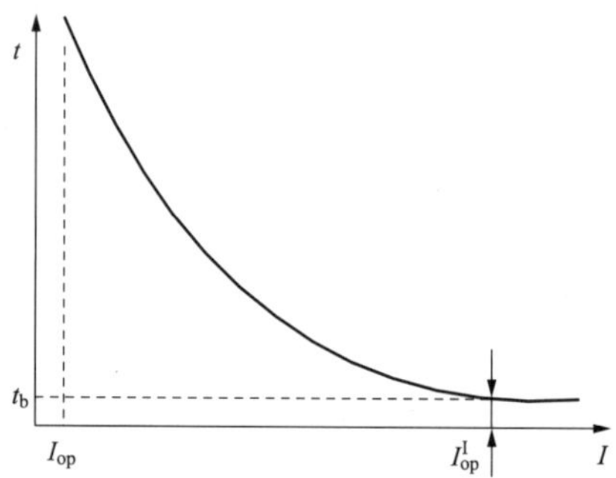

图4-6 反时限过电流保护的动作特性

分析：反时限过电流保护动作具有近处故障时动作时限短、远处故障时动作时限自动加长的特性，可以同时满足速动性和选择性的要求。

对于图4-6所示的常规反时限特性，一般用启动电流 I_{op}、瞬时动作电流 I_{op}^{I}（瞬时动作触点闭合时间 t_b）和反时限特性曲线 $t=f(I)$ 三个参数来描述。常用的反时限过电流继电器的动作特性方程为

$$t=\frac{0.14K}{\left(\frac{I}{I_{op}}\right)^{0.02}-1} \tag{4-2}$$

当流过继电器的电流小于启动电流 I_{op}时，继电器不启动；当电流大于瞬时动作电流时，继电器以最小动作时间 t_b动作；当电流在以上两者之间时，电流继电器启动后，延时触点的闭合时间与电流倍数（流过继电器的电流 I 与启动电流 I_{op}之比）有关。K 为时间整定系数，选择不同的 K 值，可以获得不同的动作时间曲线，K 值越大，动作时间越长。

13. 电流互感器的接线系数有什么作用?

答：通过继电器的电流与电流互感器二次电流的比值叫电流互感器的接线系数，即

$$K_C=I_K/I_2 \tag{4-3}$$

式中 I_K——流入继电器中的电流；

I_2——流人电流互感器的二次电流。

接线系数是继电保护整定计算中的一个重要参数，对各种电流保护测量元件动作值的计算，都要考虑接线系数。

14. 电压互感器反充电对保护装置有什么影响?

答：通过电压互感器二次侧向不带电的母线充电称为反充电，若反充电电流较大，

将造成运行中电压互感器二次侧小开关跳开或熔断器熔断，使运行中的保护装置失去电压，可能造成保护装置的误动或拒动。

15. 什么是功率方向继电器90°接线方式?

答：功率方向继电器广泛采用的90°接线方式是指在三相对称的情况下，当 $\cos\varphi = 1$ 时，加入继电器的电流如 I_A 与电压 U_{BC} 相位相差90°。采用这种接线方式时，将三个继电器分别接于 I_A、U_{BC}，I_B、U_{CA} 和 I_C、U_{AB}。

16. 过电流保护的整定值为什么要考虑继电器的返回系数? 而电流速断保护则不需要考虑?

答：过电流保护的动作电流是按躲过最大负荷电流整定的，一般能保护相邻设备。在外部短路时，电流继电器可能启动，但在外部故障切除后（此时电流降到最大负荷电流），必须可靠返回，否则会出现误跳闸。考虑返回系数的目的，就是保证在上述情况下，保护能可靠返回。

电流速断保护的动作值，是按避开预定点的最大短路电流整定的，其整定值远大于最大负荷电流，故不存在最大负荷电流下不返回的问题。再者，瞬时电流速断保护一旦起动立即跳闸，根本不存在中途返回问题，故电流速断保护不考虑返回系数。

17. 什么是零序电流保护?

答：在中性点直接接地电网中发生一点接地故障即构成单相接地短路，将产生很大的故障相电流，从对称分量角度分析，则出现了很大的零序电流，反映零序电流增大而动作的保护叫零序电流保护。

18. 举例说明什么是零序电流滤过器。

答：接地保护装置是通过零序电流滤过器来获取零序电流的。将三相电流互感器极性相同的二次端子分别连接在一起，就组成了零序电流滤过器。

案例：零序电流滤过器接线图如图4－7所示。

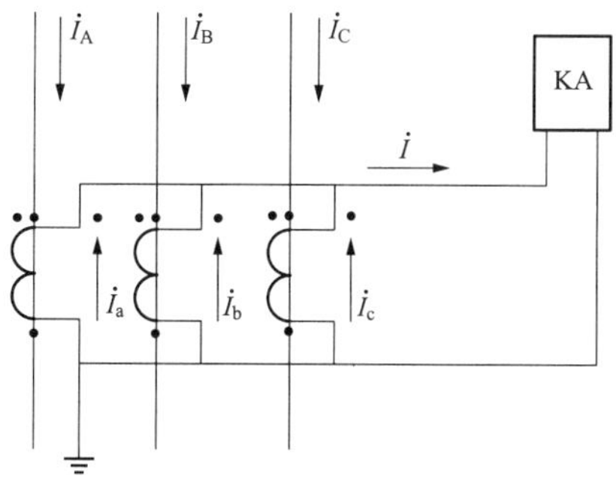

图4－7 零序电流滤过器接线图

分析：相电流互感器极性相同的二次端子分别连接在一起，则流入继电器的电流为 $3\dot{I}_0=\dot{I}_a+\dot{I}_b+\dot{I}_c$，只有当一次侧出现零序电流时，在互感器二次侧才有相应的零序电流输出，故称它为零序电流互感器。

19. 举例说明什么是零序电压滤过器。

答：零序电压滤过器是指在输入端加三相电压而输出端只有零序电压的滤过器。常采用三个单相式电压互感器或三相五柱式电压互感器。

案例：零序电压滤过器接线示意图如图4－8所示。

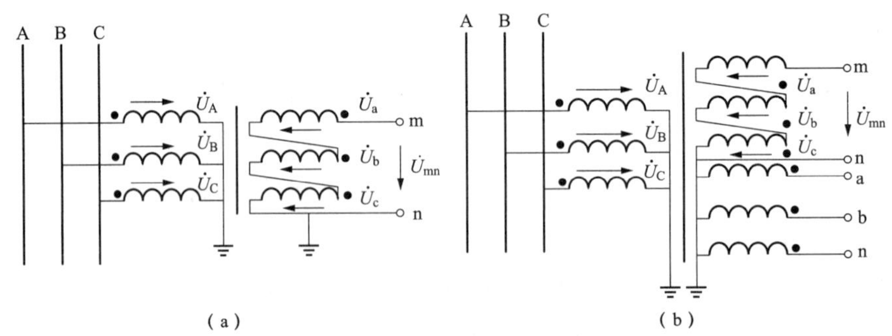

图4－8 零序电压滤过器接线示意图

(a) 由三个单相式电压互感器组成；(b) 三相五柱式电压互感器

分析：为取得相电压，电压互感器一次绕组接成星形并且中性点接地，二次绕组接成开口三角形，从开口三角形m、n端子得到的输出电压为 $\dot{U}_{mn}=\dot{U}_a+\dot{U}_b+\dot{U}_c=3\dot{U}_0$，即零序电压滤过器只输出零序电压。

20. 大电流接地系统中要单独装设零序保护的原因是什么？

答：三相星形接线的过电流保护能保护接地短路，但其灵敏度较低，保护时限较长，采用零序保护就可克服此不足：

(1) 系统正常运行和发生相间短路时，不会出现零序电流和零序电压，因此零序保护的动作电流可以整定得较小，这有利于提高其灵敏度。

(2) 对于Y/△接线降压变压器，三角侧后的故障不会在星形侧出现零序电流，所以零序保护的动作时限可以不必与该种变压器后的线路保护相配合而取较短的动作时限。

21. 什么是三段式零序电流保护？

答：三段式零序电流保护由零序电流速断（零序Ⅰ段）、限时零序电流速断（零序Ⅱ段）、零序过电流（零序Ⅲ段）组成。

22. 举例说明中性点不接地系统单相接地时三相电压如何变化。

答：中性点不接地系统单相接地时故障相对地电压降为零，非故障相对地电压升

高 $\sqrt{3}$ 倍。

案例：中性点不接地系统如图 4－9（a）所示，用集中电容表示电网三相的对地电容，并设负荷电流为零，各相对地等值集中电容相等。正常运行时，电源和负载都是对称的，故系统无零序电压和零序电流。

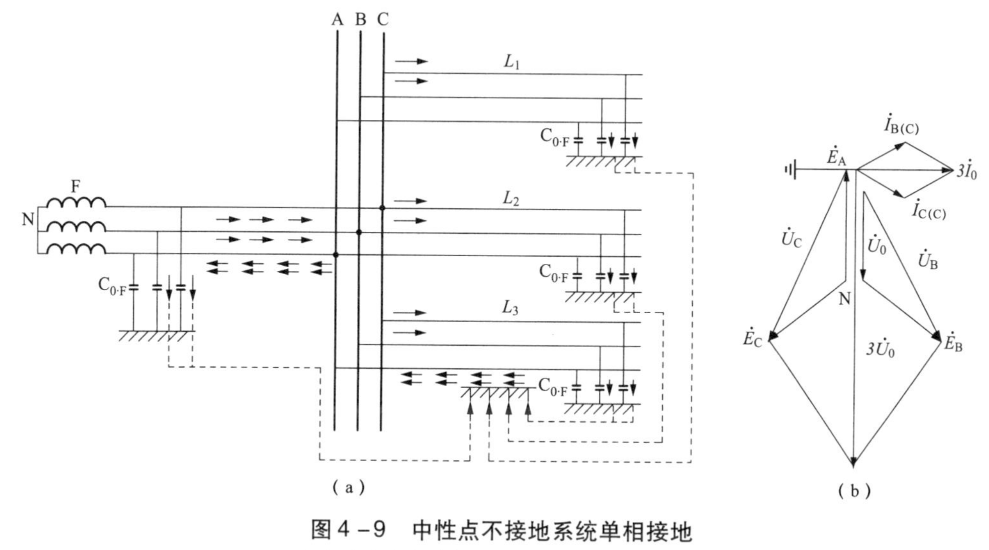

图 4－9　中性点不接地系统单相接地

（a）电容电流分布图；（b）电流电压相量图

分析：当在电网中发生单相接地故障时，三相电压不对称，电网出现零序电压。各相电压相量如图 4－9（b）所示，从相量图也可看出当 A 相接地时，$\dot{U}_A=0$，$3\dot{U}_0$ 的大小是正常运行时 A 相电压的 3 倍，方向相反，B、C 两相对地电压升高 $\sqrt{3}$ 倍。

23. 小电流接地系统采用中性点经消弧线圈接地的原因是什么？

答：小电流接地系统中发生单相接地故障时，接地点将通过接地故障线路对应电网的全部对地电容电流。若该电容电流相当大，就会在接地点产生间歇性电弧，引起过电压，使非故障相对地电压有较大增加，在电弧接地过电压作用下，可能导致绝缘损坏，造成两点或多点接地短路，使事故扩大。在中性点装设消弧线圈的目的是利用消弧线圈的感性电流补偿接地故障时的容性电流，使接地故障点容性电流减少，进行提高系统自动熄弧能力并自动熄弧，保证继续供电。

24. 举例说明什么是输电线路的纵联保护。

答：输电线路的纵联保护是利用线路两端的电气量在故障与非故障时的特征差异构成保护的。当线路发生区内、外故障时，电力线两端的电流波形、功率方向、电流相位以及两端的测量阻抗都具有明显的差异，利用这些差异可以构成不同原理的纵联保护。

案例：双侧电源线路区内外故障示意图分别如图 4－10（a）和图 4－10（b）所示。

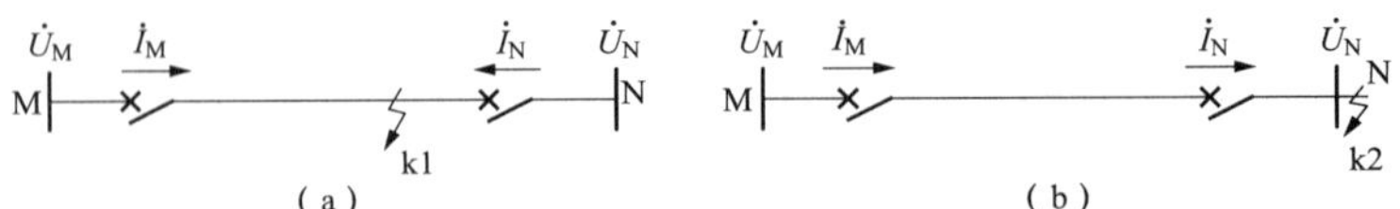

图 4－10　双侧电源线路区内外故障示意图
（a）内部故障；（b）外部故障

分析：根据基尔霍夫电流定律，如图 4－10（b）所示的一个中间既无电源（电流注入）又无负荷（电流流出）的正常运行或外部故障的输电线路，任何时刻其两端电流相量和等于零，数学表达式为 $\sum \dot{I} = 0$。当线路发生内部故障时，如图 4－10（a）所示。在故障点有短路电流流出，若规定电流正方向为由母线流向线路，两端电流相量和等于流入故障点的电流 $\dot{I}_{k1}$。

25. 输电线路为什么要采用纵联保护？

答：输电线路采用纵联保护是为了有选择性地快速切除全线故障。仅反应线路一侧电气量的保护，不能区分本线路末端和对侧母线（或相邻线路始端）故障；反应线路两侧的电气量才有可能区分上述两种故障。

26. 高频闭锁信号和允许信号分别指的是什么？

答：收不到高频信号是保护动作于跳闸的必要条件，这样的高频信号是闭锁信号；收到高频信号是保护动作于跳闸的必要条件，这样的高频信号是允许信号。

27. 高频通道的主要构成元件有哪些？

答：高频通道的主要构成元件有阻波器、结合电容器、连接滤波器、高频收发信机。

28. 高频闭锁式纵联保护的收发信机需采用远方启动发信的原因是什么？

答：高频闭锁式纵联保护的收发信机需采用远方启动发信是为了保证在区外故障时，近故障侧（反方向侧）能确保启动发信，从而使二侧保护均收到高频闭锁信号而将保护闭锁起来，防止了高频闭锁式纵联保护在区外近故障侧因某种原因拒绝启动发信，远故障侧在测量到正方向故障停信后，因收不到闭锁信号而误动。此外，采用远方启动发信，可使值班运行人员检查高频通道时单独进行，而不必与对侧保护的运行人员同时联合检查通道。

29. 35kV 及以下电力变压器继电保护装置配置原则是什么？

答：35kV 及以下电力变压器继电保护装置配置原则一般为：

（1）应装设反应内部短路和油面降低的气体保护。

（2）应装设反应变压器绕组和引出线的多相短路及绕组匝间短路的纵联差动保护或电流速断保护。

（3）应装设作为变压器外部相间短路和内部短路的后备保护的过电流保护（或带有复合电压起动的过电流保护）。

（4）为防止变压器过负荷的变压器过负荷（信号）保护。

30. 举例说明什么是变压器的纵差动保护。

答：变压器的纵差动保护用来反应变压器绕组、引出线及套管上的各种短路故障，是变压器的主保护。变压器纵差动保护工作原理是将变压器的各侧绕组分别作为被保护对象，在各侧绕组的两端设置电流互感器而实现差动保护。

案例：变压器纵差动保护的单相原理接线图如图 4 – 11 所示，在变压器两侧装设互感器 1IH 和 2LH。

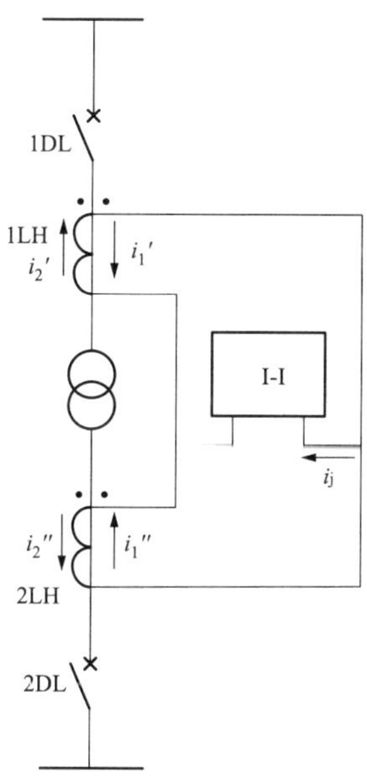

图 4 – 11 变压器纵差动保护的单相原理接线图

分析：1LH 和 2LH 一次绕组的同极性端均置于相同的一侧，二次绕组的不同极性端相连，差动电流继电器 CJ 并联在电流互感器二次绕组上，形成环流法比较接线在正常情况和外部故障时，其两侧流入和流出的一次电流之和为零，差动继电器不动作。实际上，此时会有不平衡电流流入继电器。

当变压器内部发生故障时，连接变压器两侧的电源都向变压器供给短路电流，各侧所供短路电流之和，流入差动继电器，差动继电器动作，瞬时切除故障。因此，纵联差动保护能正确区别变压器的内、外部故障，而不需要与其他保护配合。

31. 什么是变压器的气体（瓦斯）保护？

答：气体保护是变压器油箱内绕组短路故障及异常的主要保护。其作用原理是：变压器内部故障时，在故障点产生有电弧的短路电流，造成油箱内局部过热并使变压器油分解、产生气体（瓦斯），进而造成喷油、冲动气体继电器，气体保护动作。气体保护分为轻瓦斯保护及重瓦斯保护两种。

32. 主变压器轻瓦斯、重瓦斯动作的原因和区别是什么？

答：主变压器轻瓦斯动作原因为变压器内部轻微故障或介质老化、油位下降、油中混有气体；主变压器重瓦斯动作原因为变压器内部故障严重时（如相间故障），产生强烈的瓦斯气体，使变压器内部压力突增，产生很大的油流，冲击气体继电器挡板而动作。轻瓦斯和重瓦斯的区别在于轻瓦斯反映变压器内部轻微故障，动作于发信，重瓦斯反映变压器内部严重故障，动作于跳主变压器各侧开关。

33. 配电网中什么情况下变压器应装设气体保护？

答：0.8MVA及以上油浸式变压器和0.4MVA及以上户内油浸式变压器均应装设气体保护，当壳内故障产生轻微瓦斯或油面下降时，应瞬时动作于信号；当产生大量瓦斯时，应动作于断开变压器各侧断路器。带负荷调压的油浸式变压器的调压装置亦应装设气体保护。

34. 为什么配电网主变压器差动保护不能代替气体保护？

答：配电网中主变压器气体保护能反应变压器油箱内的任何故障，如铁芯过热烧伤、油面降低等，但差动保护对此无反应。又如变压器绕组发生匝间短路，虽然短路匝内短路电流很大会造成局部绕组严重过热，产生强烈的油向储油柜方向冲击，但在相电流上却表现不明显，因此差动保护没有反应，但气体保护对此却能灵敏地加以反应，这就是差动保护不能代替气体保护的原因。

35. 运行中的变压器气体保护，当现场进行什么工作时，重瓦斯保护应由“跳闸”位置改为“信号”位置运行？

答：当现场进行下述工作时，重瓦斯保护应由“跳闸”位置改为“信号”位置运行：

（1）进行注油和滤油时。

（2）进行呼吸器畅通工作或更换硅胶时。

（3）除采油样和气体继电器上部放气阀放气外，在其他所有地方打开放气、放油和进油风门时。

（4）开、闭气体继电器连接管上的阀门时。

（5）在气体保护及其二次回路上工作时。

（6）对于充氮变压器，当储油柜抽真空或补充氮气时，亦或当变压器注油和滤油、更换硅胶及处理呼吸器时，在上述工作完毕后，经 1h 试运行后，方可将重瓦斯投入跳闸。

36. 变压器稳态情况下包括哪些不平衡电流？

答：变压器稳态情况下的不平衡电流包括：

（1）由电流互感器变比标准化产生的不平衡电流。

（2）三相变压器接线产生的不平衡电流。

（3）带负荷调整变压器的分接头产生的不平衡电流。

（4）由电流互感器变换误差引起的不平衡电流。

37. 变压器保护如何减少不平衡电流的影响和提高差动保护的灵敏度？

答：可采取以下措施：

（1）减少稳态情况下不平衡电流。

（2）减少电流互感器的二次负荷。

（3）采用带小气隙的电流互感器。

（4）减少由电流互感器变比标准化产生的不平衡电流。

（5）减少暂态过程中非周期分量的影响。

38. 主变压器差动保护整定中消去零序电流的原因是什么？

答：对于大电流接地系统（含小电阻接地系统），当主变中性点接地运行时，若系统发生区外接地故障，则主变压器中性点将会有零序电流流过，此电流仅从主变压器中性点流向故障点，且此电流可能无法同样传到主变压器中低压侧，对于主变压器差动保护而言，则肯定要产生不平衡电流，应该予以消除，否则易造成差动保护误动。

39. 35kV 主变压器过流保护的动作原理是什么？

答：35kV 主变压器过流保护的动作原理是反映变压器外部相间短路故障而引起变压器绕组过电流，和在变压器内部故障时作为差动和气体保护的后备保护。过流保护还是主变压器低压侧母线主保护，低压侧出线后备保护。

40. 自耦降压变压器与普通降压变压器的保护配置有哪些异同？

答：自耦变压器与普通变压器在纵联差动保护、本体保护等方面基本是相同的，在以下方面是不同的：

（1）在接地故障保护层面，因为仅从中性线电流互感器获取的零序电流无法判断是哪一侧网络出现接地故障，自耦变压器应从所有侧电流互感器获取零序电流，并根据选择性要求加装方向元件。

（2）自耦变压器若仅是高压侧有电源，高、低压侧装过负荷保护；若高、中压均有电源，高、低压侧及公共绕组均装过负荷保护。

（3）自耦变压器装设零序差动保护，不需要考虑励磁涌流的影响。

（4）自耦变压器由于有电的直接联系，因此可采用距离保护作为相间故障的后备保护；而普通变压器没有电的直接联系，因此通常采用复合电压闭锁过流保护作为相间故障的后备保护。

41. 什么是变压器的过负荷保护？

答：变压器的过负荷保护反应变压器对称过负荷引起的过电流。动作电流按躲开变压器的额定电流整定，保护经延时动作于信号。对双绕组升压变压器，过负荷保护装于低压侧；对于双绕组降压变压器，装于高压侧。

42. 什么是变压器中性点间隙接地保护？

答：变压器中性点间隙接地保护是采用零序电流继电器与零序电压继电器并联方式，带有 0.5s 的限时构成；当系统发生接地故障时，若在放电间隙放电，则有零序电流且使设在放电间隙接地一端的专用电流互感器的零序电流继电器动作，若放电间隙不放电，则利用零序电压继电器动作；当发生间歇性弧光接地时，间隙保护共用的时间元件不得中途返回，以保证间隙接地保护的可靠动作。

案例：变压器中性点间隙保护的原理接线如图 4－12 所示。

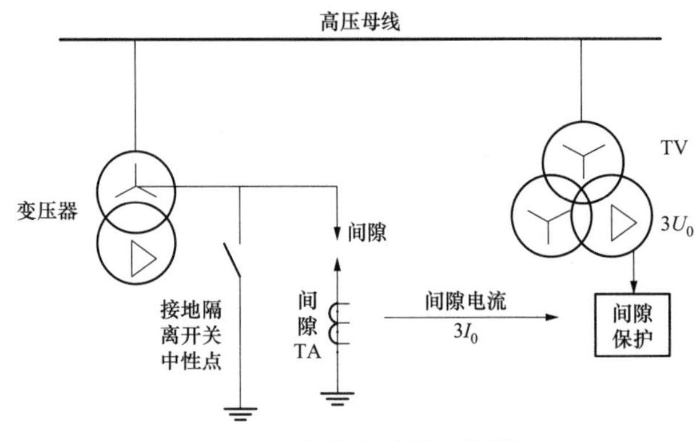

图 4－12　间隙保护原理接线图

分析：当系统发生接地故障时，中性点接地运行变压器的零序电流保护动作，将中性点接地运行的变压器切除，如果故障仍然存在，由间隙保护经过整定延时后将中线点经放电间隙接地的变压器切除。

图 4－13 为间隙保护逻辑框图：K 为变压器中性点接地开关的辅助触点，当变压器中性点接地运行时，K 闭合，中性点不接地时 K 打开；$3I_0$ 为流过击穿间隙的电流（二

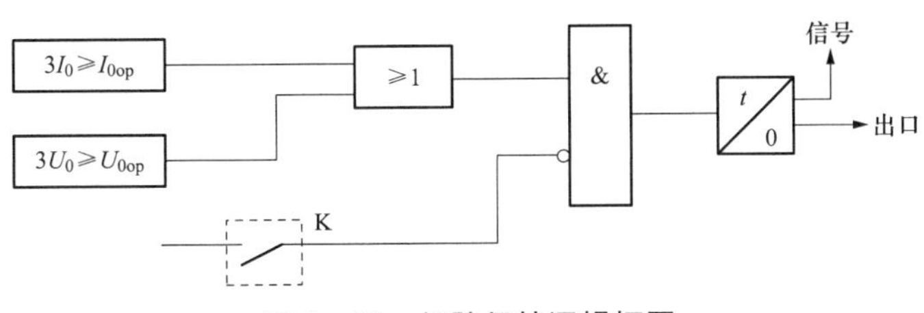

图 4－13 间隙保护逻辑框图

次值)；3 U_0 为 TV 开口三角形电压；I_{0op} 间隙保护动作电流；U_{0op} 间隙保护动作电压。在中性点接地开关打开的情况下，间隙保护投入。当间隙电流或 TV 开口电压大于保护整定值时保护动作，经延时切除变压器。

43. 电力系统中母差保护装置有几类?

答：母差保护装置有三类：

(1) 电流相位比较式。

(2) 母线固定连接式。

(3) 比率式。

44. 举例说明比率差动保护动作特性。

为提高内部故障时的动作灵敏度及可靠躲过外部故障的不平衡电流，微机型变压器纵差保护装置均采用具有比率制动特性的差动元件。

案例：三段折线式差动元件动作特性曲线如图 4－14 所示，其中 I_{zd0} 、I_{zd1} 为拐点定值；I_{dz0} 为差动最小动作值；K_{z1} 、K_{z2} 为比率制动系数。

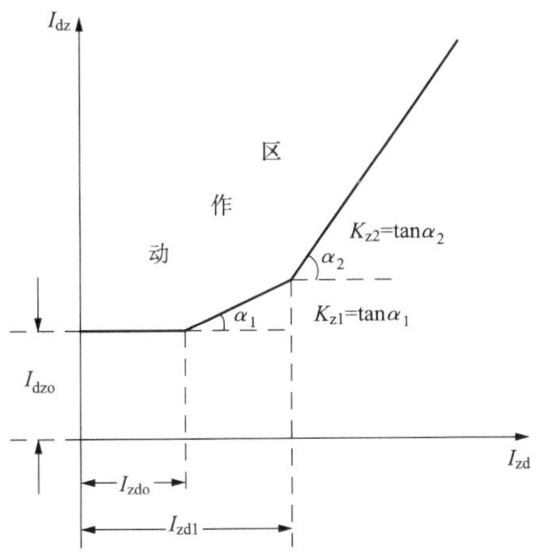

图 4－14 三段折线式差动元件动作特性曲线

分析：可以看出在任意两个量保持不变的情况下，比率制动系数越小，拐点电流越大，初始动作电流越小，差动元件动作灵敏度越高，但躲区外故障的能力越差。

45. 重合闸一般有几种工作方式？

答：重合闸有下列工作方式，即综合重合闸方式、单相重合闸方式、三相重合闸方式、停用重合闸方式。

（1）综合重合闸方式。单相故障，跳单相重合单相，重合于永久性故障跳三相；相间故障跳三相，重合三相，重合于永久故障跳三相。

（2）三相重合闸方式。任何类型故障跳三相，重合三相，永久故障再跳三相。

（3）单相重合闸方式。单相故障，跳单相重合单相，重合于永久故障跳三相；相间故障，三相跳开后不重合。

（4）停用重合闸方式。任何故障跳三相，不重合。

46. 什么是重合闸后加速？

答：当线路发生故障后，保护有选择性地动作切除故障，重合闸进行一次重合以恢复供电，若重合于永久性故障时，保护装置即不带时限无选择性的动作断开断路器，这种方式称为重合闸后加速。

47. 重合闸重合于永久性故障上对电力系统有什么不利影响？

答：当重合闸重合于永久性故障时，主要有以下两个方面的不利影响：

（1）使电力系统又一次受到故障的冲击。

（2）使断路器的工作条件变得更加严重，因为在连续短时间内，断路器要两次切断电弧。

48. 220kV 线路保护中禁止重合闸与停用重合闸控制有什么区别？

答：（1）禁止重合闸是指仅放电，禁止本装置重合且不沟通三跳。

（2）停用重合闸是指既放电，又闭锁重合闸且沟通三跳。

49. 举例说明配电线路分段保护的功能。

答：在配电线路故障时，分段保护动作跳闸能够有效隔离故障区域，保障非故障区域用户的持续供电。

案例：分段保护功能示意图如图 4 – 15 所示。

分析：配电线路上分段开关采用高压断路器时，一般配置电流保护。安装在联络线上的分段开关过流跳闸功能退出，避免合环转电时因躲不过合环电流冲击而跳闸。分段保护跳闸后一般不重合，为了提高线路供电可靠性，主干线首端的分段保护应退出跳闸功能。

分段保护的限时速断定值按躲本级线路最大配变低压侧母线三相最大短路电流及线路励磁涌流整定，过流保护定值按躲所供最大负荷电流整定，电流定值应满足与变电站出线之间的配合关系，时间与变电站按级差配合，实现分段保护动作跳闸能够有效隔离

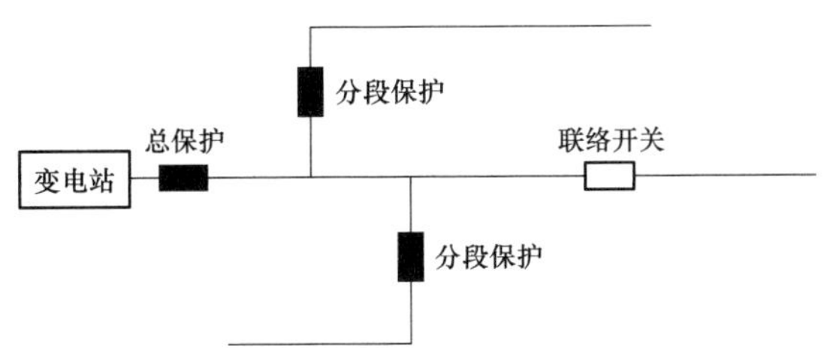

图 4－15 分段保护功能示意图

故障区域，保障非故障区域用户的持续供电。

50. 举例说明什么是剩余电流动作保护。

答：低压配电线路中各相（含中性线）电流矢量和不为零而产生的电流称为剩余电流。剩余电流动作保护又称漏电保护，作为配电装置中主干线或分支线的保护。一般用于低压电网的电源进线上。是防止人身触电事故的有效措施之一，也是防止因漏电引起电气火灾和电气设备损坏事故的技术措施。

案例：剩余电流动作保护装置组成框图如图 4－16 所示，剩余电流动作保护装置由检测元件、中间环节（包括放大元件和比较元件）、执行机构三个基本环节及辅助电源和试验装置构成。

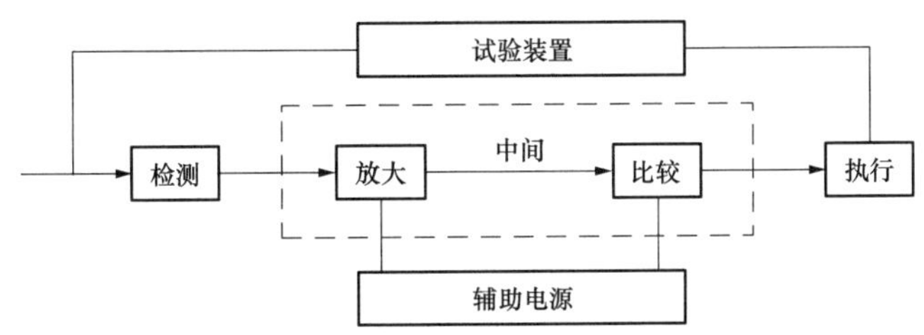

图 4－16 剩余电流动作保护装置组成框图

分析：检测元件是一个零序电流互感器，作用是将漏电电流信号转换为电压或功率信号输出给中间环节。中间环节通常含有放大器、比较器等，对来自零序电流互感器的漏电信号进行处理。执行机构指漏电动作脱扣器等，用于接收中间环节的指令信号，实施动作。辅助电源是提供电子电路工作所需的低压电源。试验装置由一只限流电阻和检查按钮相串联的支路构成，模拟漏电的路径，以检验装置是否能够正常动作。

4.2 提高部分

51. 举例说明单侧电源线路上过渡电阻对不同安装处距离保护的影响。

答：短路点的过渡电阻总是使继电器的测量阻抗增大，使保护范围缩短。然而，由于过渡电阻对不同安装地点的保护影响不同，因而在某种情况下，可能导致保护无选择性动作。

案例：如图4－17（a）所示，单电源线路上有母线A、B、C，其中母线A、B的出口断路器分别为2、1，线路B－C发生单相接地故障，过渡电阻为R_g。

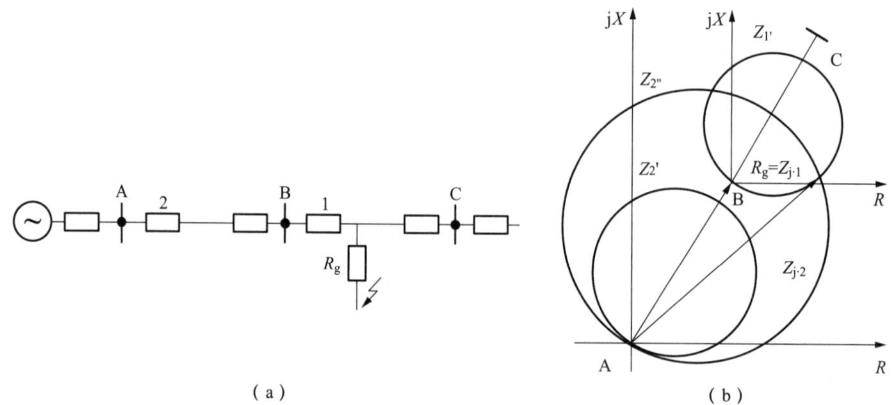

图4－17　过渡电阻对距离保护的影响说明图

（a）接线图；（b）相量图

分析：当线路B－C的始端经R_g短路，则保护1的测量阻抗为$Z_{m1}=R_g$，而保护2的测量阻抗为$Z_{m2}=Z_{AB}+R_g$，由于Z_{m2}是Z_{AB}与R的相量和，因此，其数值比无R_g时增大不多，也就是说测量阻抗受R_g的影响较小。这样当R_g较大时，就可能出现Z1已超出保护1第Ⅰ段整定的特性圆范围，而Z_{m2}仍位于保护2第Ⅱ段整定的特性圆范围以内的情况，此时两个保护将同时以第Ⅱ段的时限动作，从而失去了选择性，如图4－17（b）所示。

52. 距离保护有的闭锁装置有什么作用？

答：（1）电压断线闭锁：电压互感器二次回路断线时，由于加到继电器的电压下降，类似短路故障，保护可能误动作，故要加闭锁装置。

（2）振荡闭锁：在系统发生故障出现负序分量时将保护开放（0.12～0.15s），允许动作，然后再将保护解除工作，防止系统振荡时保护误动作。

53. 配置三段式距离保护的单电源线路，在母线的出线断路器（靠近母线侧）和电流互感器之间（靠近负荷侧）发生相间短路时，断路器保护如何动作，举例说明。

答：本级母线出线断路器保护不动，上一级母线的出线断路器距离二段保护动作。

案例：如图4－18所示，断路器1、2均配置三段式距离保护，断路器2和TA间发生相间短路。

分析：故障点在断路器2和TA之间，属于断路器2保护的区外，因此断路器3保护不动；断路器1保护是距离二段动作。

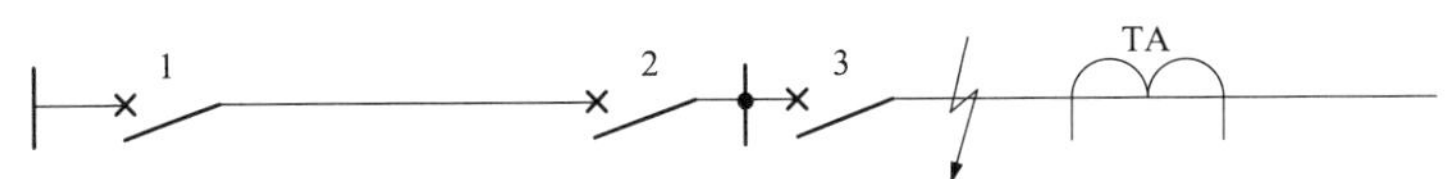

图 4－18　单电源线路示意图

54. 发电机负序电流对发电机有什么影响?

答：当电力系统中发生不对称短路或者在正常运行情况下三相负荷不平衡时，在发电机定子绕组中将出现负序电流，此电流在发电机空气隙中建立的负序旋转磁场相对于转子为两倍的同步转速，因此将在转子绕组、阻尼绕组以及转子铁心等部件上感应于100Hz 的倍频电流，该电流使得转子上电流密度很大的某些部位（如转子端部、护环内表面等）可能出现局部灼伤，甚至可能使护环受热松脱，从而导致发电机的重大事故。此外，负序气隙旋转磁场与转子电流之间以及正序气隙旋转磁场与定子负序电流之间所产生的 100Hz 交变电磁转矩，将同时作用在转子大轴和定子机座上，从而引起 100Hz 的振动。

55. 发电机失磁对电力系统和发电机产生什么影响?

答：当发电机失磁后而异步运行时，将对电力系统和发电机产生以下影响：

（1）需要从电网中吸收很大的无功功率以建立发电机的磁场。所需无功功率的大小，主要取决于发电机的参数。

（2）由于从电力系统中吸收无功功率将引起电力系统的电压下降，如果电力系统的容量较小或无功功率的储备不足，则可能使失磁发电机的机端电压、升压变压器高压侧的母线电压或其他邻近点的电压低于允许值，从而破坏了负荷与各电源间的稳定运行，甚至可能因电压崩溃而使系统瓦解。

（3）由于失磁发电机吸收了大量的无功功率，因此为了防止其定子绕组的过电流，发电机所能发出的有功功率将较同步运行时有不同程度的降低，吸收的无功功率越大，则降低的越多。

（4）失磁后发电机的转速超过同步转速，因此，在转子及励磁回路中将产生频率为 $f_f - f_s$ 的交流电流，因而形成附加的损耗，使发电机转子和励磁回路过热。显然，当转差率越大时，所引起的过热也越严重。

56. 双侧电源线路的三相重合闸时间是如何考虑的，举例说明。

答：每一侧的重合闸都应该以本侧先跳闸而对侧后跳闸来作为考虑整定时间的依据。

案例：如图 4－19 所示，设本侧保护（保护 1）的动作时间为 $t_{bh.1}$，断路器动作间为 $t_{dl.1}$。对侧保护（保护 2）的动作时间为 $t_{bh.2}$，断路器动作时间为 $t_{dl.2}$。故障点火弧和周围介质去游离的时间 t_u。

分析：则在本侧跳闸以后，对侧还需要经过（$t_{bh.2} + t_{dl.2} - t_{bh.1} - t_{dl.1}$）的时间才能

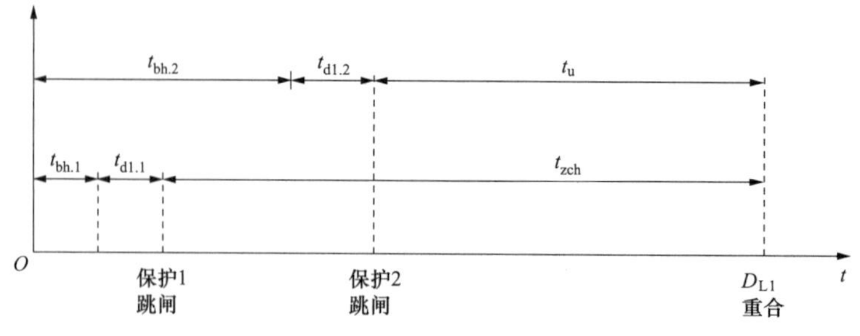

图 4－19　三相重合闸动作时间示意图

跳闸，再考虑故障点灭弧和周围介质去游离的时间，先跳闸一侧重合闸的动作时限应整定为 $t_{zch}=t_{bh.2}+t_{dl.2}-t_{bh.1}-t_{dl.1}+t_u$。

线路上装设三段式电流或距离保护时，$t_{bh.1}$应采用本侧Ⅰ段保护的动作时间，而 $t_{bh.2}$一般采用对侧Ⅱ段（或Ⅲ段）保护的动作时间。

57. 失灵保护的动作条件是什么？

答：失灵保护的动作条件有：

（1）故障线路（设备）的保护装置出口继电器动作后不返回。

（2）在被保护范围内仍然存在着故障。当母线上连接的元件较多时，一般采用检查故障母线电压的方式以确证故障仍未切除；当连接元件较少或一套保护动作于几个断路器（如采用多角形接线时）以及采用单相重合闸时，一般采用检查通过每个或每相断路器的故障电流的方式，作为判别断路器拒动且故障仍未消除的依据。

58. 单相重合闸的特点是什么？

答：单相重合闸的特点是在线路相间短路时，保护动作跳开三相断路器，不进行重合；在发生单相短路接地时，保护动作只跳开故障相断路器，然后进行单相重合。如果线路发生的是瞬时性故障，则单相重合成功，即恢复三相正常运行，如果是永久性故障，单相重合不成功，过时根据系统的具体情况，如不允许长期非全相运行，则应切除三相，并不进行重合。如需要转入非全相运行，则应再切除单相，并不再进行重合。目前一般都是采用前一种方式。

59. 简述采用单相重合闸可以提高暂态稳定性的原因。

答：采用单相重合闸后，因故障切除的是故障相而不是三相，在切除故障相后至重合闸前的一段时间，送电端和受电端没有完全失去联系，电气距离与切除三相相比要小得多，这就可以减少加速面积，增加减速面积，从而提高暂态稳定性。

60. 输电线路电流差动保护案例分析。

某输电线路电流差动保护，一侧电流互感器变比为 1200/5，另一侧电流互感器变比为600/1，因不慎误将1200/5的二次额定电流错设为1A，正常运行和发生故障时会发生什么问题?

答：正常运行时，因有差流存在，故当线路负荷电流达到一定值时，差流会告警，甚至误动作。外部短路故障时，此时线路两侧测量到的差动回路电流均增大，制动电流减小，故两侧保护均有可能发生误动作。

61. 出线保护动作而开关未跳，引起主变压器差动保护动作跳闸的原因是什么?

答：出线保护动作而开关未跳，引起主变压器差动保护动作跳闸的原因可能有：

（1）由于出线保护动作，开关未跳，引起主变压器绝缘降低，导致线圈匝间故障，使主变压器差动动作跳闸。

（2）由于差动保护整定不合格，使该保护不能躲过区外故障电流而误动作跳闸。

（3）差动保护的继电器极性接错，导致差动保护误动。

62. 举例说明高频闭锁方向保护的基本原理。

答：对于故障线路，线路两端的方向高频保护都不发出高频闭锁信号，保护瞬时动作，跳开两端的断路器；对于非故障线路，靠近故障点一端的保护发出高频闭锁信号，此信号一方面被自己的收信机接收，同时经过高频通道把信号送到对端的保护，不会将非故障线路错误地切除。

案例：如图4－20所示，双电源线路母线A、B、C、D，断路器1、2、3、4、5、6配置高频闭锁方向保护，线路BC发生故障。

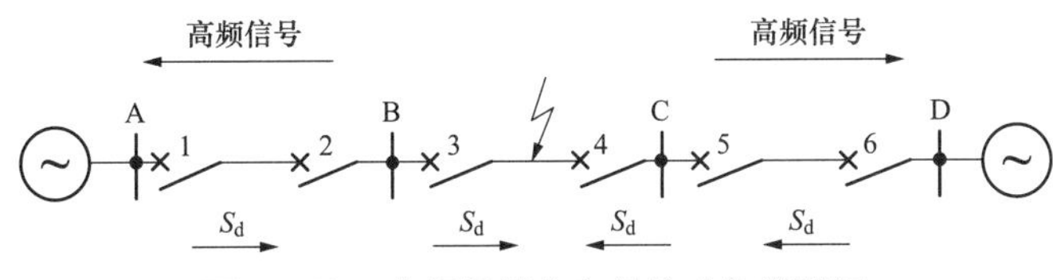

图4－20 高频闭锁方向保护动作说明图

分析：当故障发生于线路BC的范围以内，则短路功率S_d的方向如图2所示。此时安装在线路BC两端的方向高频保护3和4的功率方向为正，保护应动作于跳闸。故保护3、4都不发出高频闭锁信号，因而，在保护起动后，即可瞬时动作，跳开两端的断路器。

对非故障线路AB和CD，其靠近故障点一端的功率方向为由线路流向母线，即功率方向为负，则该端的保护2和5发出高频闭锁信号。此信号一方面被自己的收信机接收，同时经过高频通道把信号送到对端的保护1和6，使得保护装置1、2和5、6都被高频信号闭锁，保护不会将线路AB和CD错误地切除。

63. 二次系统的直流正、负极接地对运行有什么危害?

答：二次系统的直流正极接地有造成保护误动的可能，因为一般跳闸线圈（如保护出口中间继电器线圈和跳合闸线圈等）均接负极电源，若这些回路再发生接地或绝缘不良就会引起保护误动作。直流负极接地与正极接地同一道理，如回路中再有一点接地就可能造成保护拒绝动作（越级扩大事故）。因为两点接地将跳闸或合闸回路短路，这时还可能烧坏继电器接点。

64. 母线差动保护在区内、区外故障时的动作分别如何动作，举例说明。

答：对于区内故障，母线差动保护装置已从定值上躲开，不会误动作；对于区外故障，不平衡电流使得母线差动保护跳开故障母线上所有元件。

案例：当正常运行及母线外部（d 点）短路时，如图 4－21（a）所示；当母线上（d 点）短路时，如图 4－21（b）所示。

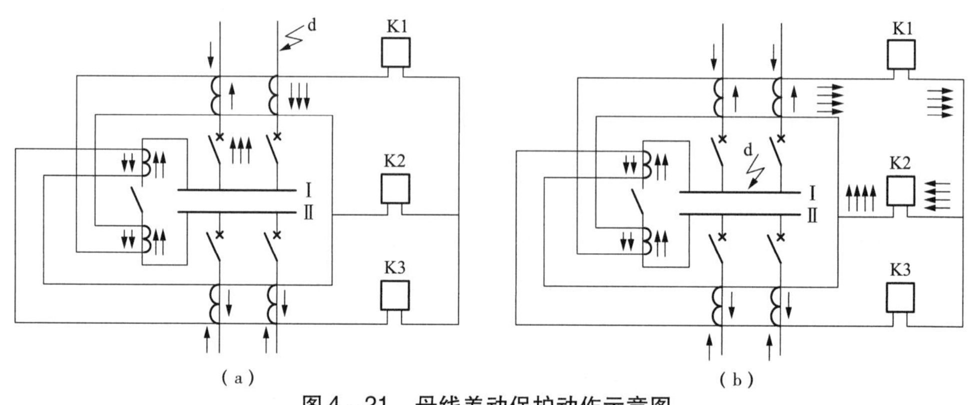

图 4－21　母线差动保护动作示意图
（a）母线外部短路；（b）母线上短路

分析：（1）当正常运行及母线外部（d 点）短路时，流经继电器 K1，K2 和 K3 的电流均为不平衡电流，保护装置已从定值上躲开，不会误动作。

（2）当母线上（d 点）短路时，由电流的分布情况可见继电器 K1 和 K2 中流入全部故障电流，而继电器 K2 中为不平衡电流，于是 K1 和 K3 起动。跳开Ⅰ组母线上所有元件。而没有故障的第Ⅱ组母线仍可继续运行。

65. 母差保护包括大差加低压和大差加分差，这两种母差保护的动作原理分别是什么？

答：（1）采用大差比率差动元件作为区内故障判别元件，低电压作为故障母线选择元件，0s 或 0.3s 跳母联，0s 或 0.6s 跳故障母线电源开关。

（2）采用大差比率差动元件作为区内故障判别元件，小差比率差动作为故障母线选择元件，0.1s 跳分段开关，0.5s 跳故障母线电源开关。

66. 变压器设置不经励磁涌流判据闭锁的差动电流速断保护的原因是什么？

答：（1）判断励磁涌流产生的波形畸变和谐波分量需要时间，这将造成变压器内部严重故障时差动保护不能迅速切除故障的不良后果。

（2）变压器内部严重故障时如果电流互感器饱和，其二次电流的波形将发生严重畸变，并含有大量的谐波分量，此时涌流判别元件将误判成励磁涌流并拒动差动保护，造成变压器严重损坏。

67. 母差保护中母联开关一般配有充电保护和母联过流保护功能，这两种保护在使用上有什么区别？

答：母联充电保护是在用母联开关向空母线充电时使用，时间为0s；母联过流保护是在母联开关与新设备串联运行，母联过流保护作新设备后备保护时使用，时间大于或等于0.2s。

68. 双回线路保护案例分析。

双回线路中每回线路两侧均配置断路器，双回线路同侧的两个断路器配置平衡保护，另一侧两个断路器配置横差保护，当一回线路发生故障，保护如何动作？

答：故障回路两侧断路器对应的横差保护和平衡保护依次动作。

案例：如图4－22所示，双回线路上的断路器1、3配置平衡保护，断路器2、4配置横差保护，在断路器3和断路器4之间发生故障。

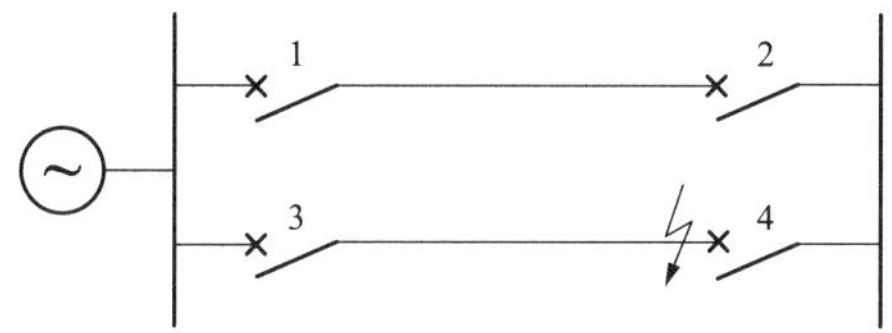

图4－22　双回线路故障示意图

分析：故障点在断路器3和断路器4之间，在故障开始时，断路器1平衡保护与断路器3平衡保护感受故障电流幅值大小基本一致，断路器1、3平衡保护不动。

断路器2、4的横差保护差动回路电流很大，横差保护动作，跳开断路器4。

断路器4跳开后，断路器1与断路器3平衡保护感受故障电流幅值大小相差很大，使平衡保护相继动作，跳开断路器3。

69. 为什么不允许在母线差动保护电流互感器的两侧挂接地线？

答：在母线差动保护的电流互感器两侧挂接地线（或合接地开关），将使其励磁阻抗大大降低，可能对母线差动保护的正确动作产生不利影响；母线内故障时，将降低母线差动保护的灵敏度，母线外故障时，将增加母线差动保护二次不平衡电流，甚至误动；若非挂不可，应将该电流互感器二次侧从运行的母线差动保护回路上退出。

70. 变电站母分开关母差保护电流回路断线分析及处理。

变电站220kV侧为双母双分段接线（如图4－23所示），配置BP－2B微机母线差动失灵保护屏四面，即Ⅰ/Ⅱ段母线和Ⅲ/Ⅳ段母线各有两套母差失灵保护，相互独立。正常运行时，母联25M、26M和母分250、260均在运行。某日，发生母分250开关两组母差保护电流回路断线，试根据以上情景分析对系统的运行有何影响，并提出最佳处理方案。

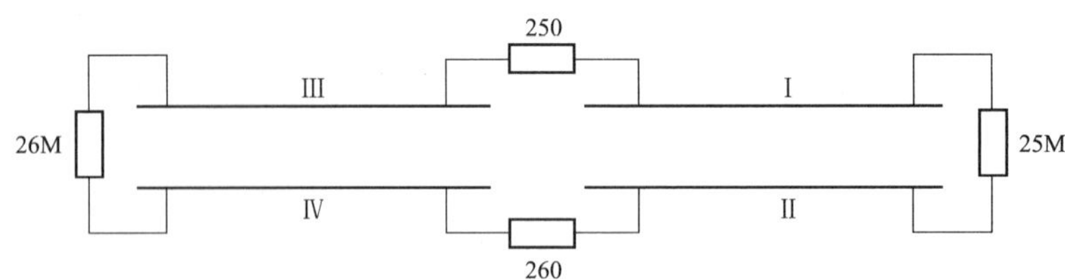

图4－23　变电站220kV侧为双母双分段接线示意图

答：(1) 对系统运行的影响：根据保护配置方式，分段电流是支路量，由于两组母差保护电流回路均断线，将造成各套母差保护均被闭锁，此时若发生母线故障，切除故障的时间将较长，且停电范围大。

(2) 最佳方案：断开母分250开关，母差保护将迅速恢复正常；再将250开关隔离，处理电流回路异常。

71. 为什么反应输电线路一侧电气量变化的保护（如距离保护、零序保护等）不能瞬时切除本线路全长范围内故障?

答：因为它不能区分本线路末端短路和相邻线路出口短路两种状态；本线路末端短路和相邻线路始端短路对本线路始端的电压电流是一样的，这是因为本线路末端和相邻线路始端两点间电气距离很近，阻抗很小；为保证相邻线路始端短路时本线路始端保护不瞬时动作，则本线路末端短路时本线路始端保护不能瞬时动作，故反应输电线路一侧电气量变化的保护不能保护本线路全长范围内的故障。

72. 为什么在具有远方起动的高频保护中要设置断路器三跳停信回路?

答：(1) 在发生区内故障时，一侧断路器先跳闸，如果不立即停信，则由于无操作电流，发信机将发生连续的高频信号，对侧收信机也收到连续的高频信号，则闭锁保护出口，不能跳闸。

(2) 当手动或自动重合于永久性故障时，由于对侧没有合闸，于是经远方起动回路，发出高频连续波，使先合闸的一侧被闭锁，保护拒动。

(3) 为了保证在上述情况下两侧装置可靠动作，必须设置断路器三跳停信回路。

73. 说明常规35kV变电站10kV自切动作过程。

图4－24为常规的35kV变电站正常运行方式图，其接线为三主变四分段，请完整描述10kV自切动作过程。

答：(1) 当T1主变压器进线失电，低电压继电器动作，经10kV二(1)段有压鉴

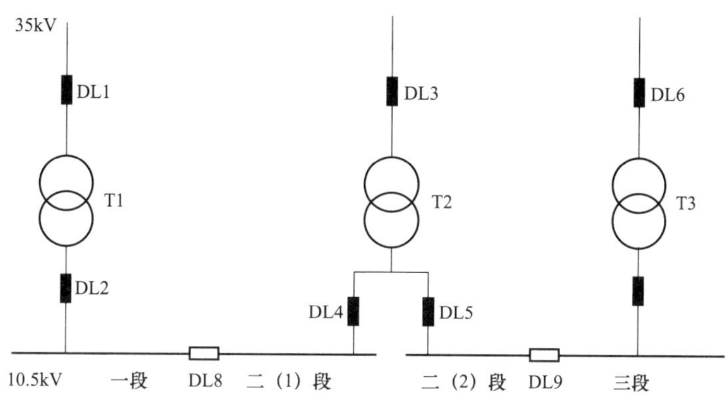

图 4-24　35kV 变电站正常运行方式图

定，跳 T1 主变压器 10kV 开关；一/二分段开关合上，1.5s 后，T2 主变压器 10kV 二（2）段开关分闸，二/三分段开关合上，T2 主变压器送一段，二（1）段负荷，T3 主变压器送三段，二（2）段负荷（并联跳相应母线电容器）。

（2）当 T2 主变压器进线失电，低电压继电器动作，跳 T2 主变压器 10kV 二（1）段和二（2）段开关。经有压鉴定，一/二分段开关合上，二/三分段开关合上。

（3）当 T3 主变压器进线失电，低电压继电器动作，经 10kV 二（2）段有压鉴定，跳 T3 主变压器 10kV 开关；二/三分段开关合上，0.8s 后，T2 主变压器 10kV 二（1）开关分闸，一/二分段开关合上，T2 主变压器送二（2）段、三段负荷，T1 主变送一段、二（1）段负荷。

（4）当 T1、T3 主变压器进线同时失电，低电压动作，经有压鉴定，跳 T1 和 T3 主变压器 10kV 开关。分段一/二段及分段二/三段开关合上，0.8s 后 T2 主变压器 10kV 二（1）段联跳分闸，T2 主变压器经 10kV 二（2）段开关送三段、二（2）段负荷，一段、二（1）段失电。

74. 二次谐波制动原理是什么？

答：二次谐波制动的实质是：利用流过差动元件差电流中的二次谐波电流作为制动量，区分出差流是内部故障电流还是励磁涌流引起的，实现对差动保护闭锁。差动保护中用二次谐波制动比来衡量二次谐波电流制动能力。二次谐波制动比越大，允许单位基波电流中包含的二次谐波电流越多，制动效果相对越差；反之，制动效果相对越好。

75. 五次谐波制动原理是什么？

答：运行中的变压器发生过励磁时，由于励磁电流很大，可能导致纵差保护误动，需要将纵差保护闭锁。变压器过励磁时，励磁电流中的 5 次谐波分量大大增加，当差流中的 5 次谐波分量大于某一定值时，将差动保护闭锁。在变压器纵差保护中，采用 5 次谐波制动比这个物理量，来衡量 5 次谐波电流制动能力。5 次谐波制动比越大，允许单位基波电流中包含的 5 次谐波电流越多，制动效果相对越差。反之，制动效果相对越好。

76. 变压器复合电压闭锁过流保护有什么作用?

答：复合电压闭锁过电流保护适用于升压变压器、系统联络变压器及过电流保护不能满足灵敏度要求的降压变压器。利用负序电压和低电压构成的复合电压能够反映保护范围内变压器的各种故障，降低了过电流保护的电流整定值，提高了过电流保护的灵敏度。

77. 变压器复合电压闭锁过流保护动作采用什么逻辑，举例说明。

复合电压过流保护，由复合电压元件，过电流元件及时间元件构成，作为被保护设备及相邻设备相间短路故障的后备保护。保护的接入电流为变压器本侧 TA 二次三相电流，接入电压为变压器本侧或其他侧 TV 二次三相电压。对于微机型保护，可以通过软件方法将本侧电压提供给他侧使用，这样就保证了变压器任意某侧 TV 有检修时，仍能使用复合电压过流保护。

案例：复合电压过电流保护逻辑框图如图 4－25 所示，图中 $U_{\phi\phi}<$ 为相间低电压元件；$U_2>$ 为负序过电压元件；$I_a>$、$I_b>$、$I_c>$ 为 a、b、c 相过电流元件。

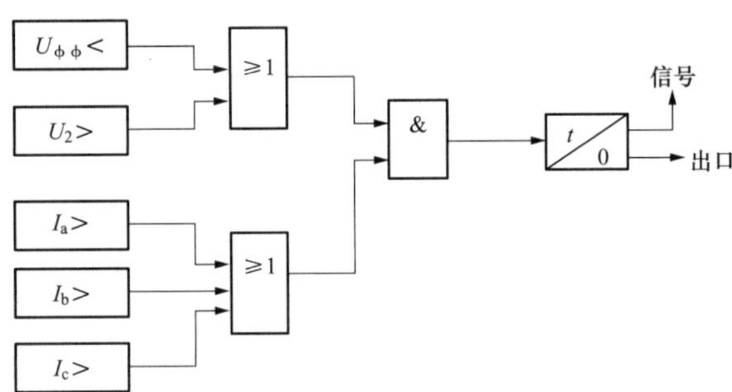

图 4－25　复合电压过电流保护逻辑框图

分析：当变压器发生故障，故障侧电压低于整定值或负序电压大于整定值且 a 相成 b 相或 c 相电流大于整定值时，保护动作，经延时 t 作用于切除变压器。

对于复压闭锁方向过流保护，在复压闭锁过流保护的基础上增加了方向元件，方向可根据需要指向变压器或母线。保护的接入电流为变压器本侧 TA 二次三相电流，接入电压为变压器本侧 TV 二次三相电压。对于微机型主变压器保护而言，当某侧 TV 检修时，复压闭锁方向过流保护的方向元件将退出，保护装置根据保护整定自动转换为复压闭锁过流保护或者过流保护。

78. 变压器装设微机差动保护时，一、二次侧电流互感器选用案例。

有一台 Y0/△/△—11 型容量为＝40/20/20MVA、电压为 115/63/63kV 变压器，TA 二次接成全星型，试计算装设微机差动保护时，变压器一、二次电流互感器分别选用多大变比；各侧的平衡系数为多少？

答：（1）经计算确定高压侧 TA 变比选 600/5 或 400/5、两低压侧 TA 变比选 3000/5

或 2000/5 均为正确。

（2）若 600/5 或 3000/5，则高压侧系数选 1，低压侧为 0.527；

（3）若 400/5 或 2000/5，则高压侧系数选 1，低压侧为 0.527；

（4）若 600/5 或 2000/5，则高压侧系数选 1，低压侧为 0.79；

（5）若 400/5 或 3000/5，则高压侧系数选 1，低压侧为 0.531。

79. 对于 35kV 主变压器，其 35kV、10kV 零序电流保护范围及 10kV 零序电流Ⅰ、Ⅱ段保护有什么区别？

答：主变压器 35kV 零序电流保护的范围为 35kV 进线电流互感器至主变压器 35kV 线圈，10kV 零序电流保护的范围为主变压器 10kV 中性点电流互感器至出线；10kV 零序电流Ⅰ段的动作时间为 4s，并跳开主变压器 10kV 侧开关，10kV 零序电流Ⅱ段的动作时间为 4.5s，并跳开主变压器所有侧开关；10kV 零序电流Ⅰ段为出线后备保护；10kV 零序电流Ⅱ段为主变压器主保护，出线后备保护。

80. 电压互感器断线对 220kV 主变压器低压侧复压闭锁过流保护有什么影响？

答：对于 220kV 主变压器低压侧复压闭锁过流保护，当低压侧发生压变断线时，退出保护的复压元件，保护变为纯过流保护；其他侧发生电压互感器断线，对低压侧保护没有影响。

81. 高频保护投停时有什么注意事项？

答：高频保护投入跳闸前，必须交换线路两侧高频信号，确认正常后，方可将线路高频保护两侧同时投入跳闸；对环网运行中的线路高频保护两侧必须同时投入跳闸或停用。不允许单侧投入跳闸，否则区外故障将造成单侧投入跳闸的高频保护动作跳闸，这是因为停用侧的高频保护不能向对侧发闭锁信号，而导致单侧投入跳闸的高频保护误动。

82. 运行中的主变压器在何种情况下需要停用差动保护？

答：运行中的主变压器需要停用差动保护的情况有：

（1）差动保护二次回路及电流互感器回路有变动或进行校验时。

（2）继电保护人员测定差动回路电流相量及差压。

（3）差动保护互感器一相断线或回路开路。

（4）差动回路出现明显的异常现象。

（5）差动保护误动跳闸后。

83. “线路保护电压互感器断线”发信和“线路保护电压互感器断线”频发对保护有什么不同影响？

答：（1）“线路保护电压互感器断线”发信：由于保护失压，会闭锁或退出线路保护的相关保护功能。

（2）“线路保护电压互感器断线”频发：“线路保护电压互感器断线”并不是立即发信和闭锁保护，而是经过一定的延时才发信并闭锁保护；如果频发电压互感器断线，就造成多次出现这种电压互感器断线延时闭锁保护的情况，进而增加区外故障误动的几率。

84. 当开关两侧均无电压，采用检同期合闸可否成功？ 当线路采用单相电压互感器、母线采用三相电压互感器，其同期合闸采用二次值直接进行比较可否成功？

答：（1）当开关两侧均无电压，不可以采用检同期合闸，因为检同期的一个判据为：两侧电压均大于60%的额定值。

（2）当线路采用单相电压互感器、母线采用三相压变时，其同期合闸采用二次值直接进行比较，不能成功，因为变比不一致。

85. 装设电容器欠压保护的原因和“电容器保护欠压出口”信号、“电容器保护出口”信号分开上送的原因是什么？

答：（1）当系统失电时，电容器会有残余电压，此时如果系统恢复送电，电容器将可能会过电压而损坏，所以需装设欠压保护。

（2）因“电容器欠压保护动作”而跳闸的电容器在系统电压恢复后便可以投运，而“电容器保护动作”信号指不平衡保护动作、过压保护动作、过流保护动作等信号的合并，在这些保护动作后电容器是不可用的，所以两类信号要分开上送。

86. 什么是电力系统负荷的频率静态特性，举例说明。

答：当频率变化时，电力系统消耗的总有功功率也将随着改变。总有功功率 $P_{\mathrm{L}\cdot\Sigma}$ 随频率 f 而变化的特性称为负荷的静态频率特性。不同性质的负荷消耗的有功功率随频率变化的程度不同。电力系统的负荷，一般可分为如下三类：

第Ⅰ类：负荷消耗的有功功率与频率无关，如白炽灯，电热设备等。即 $P_{\mathrm{L}\cdot\mathrm{I}} = K_0$ 为常数。

第Ⅱ类：负荷消耗的有功功率与频率的一次方成正比，如碎煤机、卷扬机、金属切削机等负荷，转矩为常数。即 $P_{\mathrm{L}\cdot\mathrm{II}} = K_1 f$。

第Ⅲ类：负荷消耗的有功功率与频率的二次方、三次方、高次方成正比，如通风机、水泵等负荷。即

$$P_{\mathrm{L}\cdot\mathrm{III}} = K_2 f^2 + K_3 f^3 + \cdots$$

所以，电力系统总的有功负荷可以认为由上述三种负荷组成，即

$$P_{\mathrm{L}\cdot\Sigma} = K_0 + K_1 f + K_2 f^2 + K_3 f^3 + \cdots \qquad (4-1)$$

式中 K_0、K_1、K_2、K_3——Ⅰ、Ⅱ、Ⅲ类负荷 P_{I}、P_{II}、P_{III} 占总负荷的比例系数。

案例：系统频率变化时，系统总有功负荷消耗的有功功率作相应变化，其关系曲线如图4－26所示。

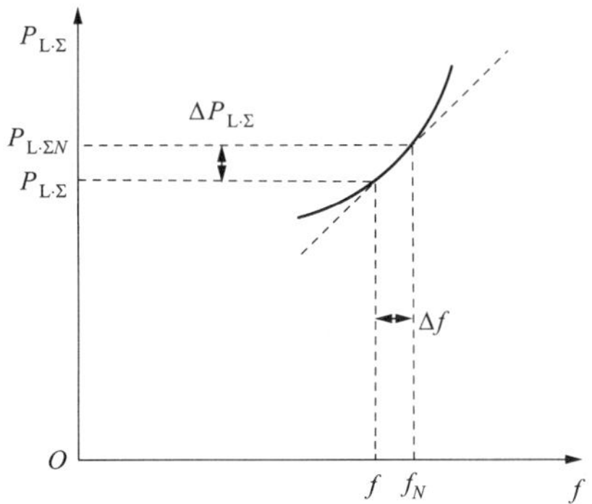

图 4－26 负荷的静态频率特性

分析：当频率下降时，系统总有功负荷消耗的有功功率随之减少；当频率上升时，系统总有功负荷消耗的有功功率随之增加，这种现象为负荷的调节效应。该曲线可通过试验或通过运行统计数据获得。计算时通常只取到三次方项，因系统中与频率的更高次方成正比的负荷所占比重很小，可以忽略不计。

在额定频率 f_N 下，对应的系统额定总负荷为 $P_{L\cdot\Sigma N}$。由于系统频率变化范围不大，此区间负荷的静态频率特性可近似为一条直线，定义负荷的调节效应系 K_L 为：

$$K_L = \frac{\Delta P_{L\cdot\Sigma}}{\Delta f} = \frac{P_{L\cdot\Sigma} - P_{L\cdot\Sigma N}}{\Delta f} \tag{4-2}$$

在实际应用时，负荷调节效应系数通常用百分值或标幺值表示，即

$$K_L = \frac{\Delta P_{L\cdot\Sigma}\%}{\Delta f\%} = \frac{(P_{L\cdot\Sigma} - P_{L\cdot\Sigma N})/P_{L\cdot\Sigma N}}{(f - f_N)/f_N} = \frac{\Delta P_{L\cdot\Sigma *}}{\Delta f_*} \tag{4-3}$$

式中 $\Delta P_{L\cdot\Sigma}\%$、$\Delta P_{L\cdot\Sigma *}$——系统有功负荷变化量的百分值、标幺值；

$\Delta f\%$、Δf_*——系统频率变化量的百分值、标幺值。

负荷调节效应系数 K_L 反映的是系统频率变化时，对应负荷有功功率的变化量，可用来衡量负荷调节效应的大小。K_L 的物理意义是：系统频率每下降（或上升）1%，系统负荷消耗的有功功率相应减少（或增加）的百分数。因负荷类型、性质随季节变化，所以 K_L 值也随季节发生变化。一般负荷调节效应系数 K_L 值取在 1～3 范围内。显然，不同电力系统的 K_L 值不同，同一电力系统 K_L 值在不同季节也有所不同。

87. 保护定值区切换“双确认”有什么操作要求?

答：远方切换保护装置定值区操作，采用保护装置“当前定值区号”和“当前区的定值”作为“双确认”判据：

（1）定值区切换操作前，远方召唤保护装置拟切换定值区的定值，并与调控主站数据库中相应区的基准定值进行自动比对。

（2）比对无误后执行定值区切换操作。

（3）定值区切换操作后，相应保护装置“当前定值区号”显示切换为“目标定值

区号”，作为“双确认”判据之一。

（4）远方召唤保护装置“当前区的定值”，与调控主站数据库中相应区的基准定值进行自动比对，作为“双确认”判据之二。

88. 剩余电流动作保护的工作原理是什么，举例说明。

答：正常情况下，三相负荷电流和对地漏电流基本平衡，流过互感器一次侧电流的相量和约为零，即由它在铁芯中产生的总磁通为零，零序互感器二次侧无输出。当发生触电时，触电电流通过大地成回路，亦即产出了零序电流。这个电流不经过互感器一次侧流回，破坏了平衡，于是铁芯中便有零序磁通，使二次侧输出信号。这个信号经过放大、比较元件判断，如达到预定动作值，即发执行信号给执行元件动作掉闸，切断电源。

案例：电流型剩余电流动作保护器工作原理图如图 4－27 所示。图中，TM 是电力变压器，SB 是分闸试验按钮，RCD 是剩余电流动作保护器，R 是电阻，YA 是电磁脱扣器，TAN 是零序电流互感器，I_d 故障电流，$\dot{I}_U$、$\dot{I}_V$、$\dot{I}_W$ 和 $\dot{I}_N$ 是三相交流矢量电流。

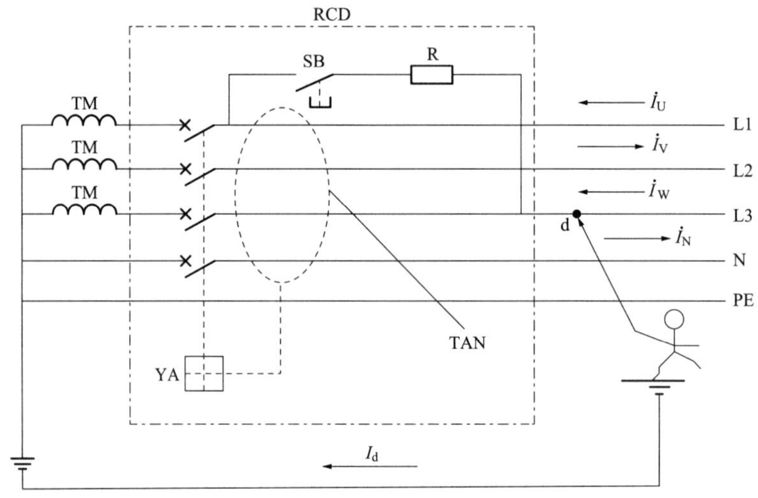

图 4－27　电流型剩余电流动作保护器工作原理图

分析：当三相对地阻抗差异大，三相对地剩余电流相量和达到保护器动作值时，将使断路器掉闸或送不上电。同时三相剩余电流和触电电流相位不一致或反相，会降低保护器的灵敏度。

5 故障异常处理

5.1 基础部分

1. 什么是电网黑启动？ 电网黑启动的步骤是什么？

答：电网黑启动是整个电力系统因故障全部停电后，利用自身的动力资源（柴油机、水力资源等）或外来电源带动无自启动能力的发电机组启动达到额定转速和建立正常电压，有步骤地恢复电网运行和用户供电，最终实现整个电力系统恢复的过程。电网黑启动是电网安全措施的最后一道防线。

电网黑启动的步骤：

（1）选择电网黑启动电站，划分多个子系统，制定启动计划。

（2）各子系统进行检测和调整。

（3）各子系统同时启动本系统中具有自启动能力机组，带动其他机组发电。

（4）将恢复后的子系统并列。

（5）恢复电网剩余负荷，最终恢复整个电网。

2. 配电调度如何制定电网黑启动方案？

答：配网调度应根据本地区电网特点和上级调度黑启动方案，编制本地区电网在系统全部停电后的快速恢复方案。如本地区电网内部具有黑启动电源，则可编制内部黑启动电源开启后自行恢复35kV及以下电网，并在合适地点与主网同期并列的方案；如本地区电网内部没有合适的黑启动电源，则应在上级调度黑启动方案的基础上，编制本地区内110kV厂站带电后快速恢复本地区电网、配合上级调度尽快恢复主要厂站厂（所）用电的方案。

电网黑启动恢复方案的程序应与电网一次接线方式保持对应，并根据电网发展情况每年修订一次。发生重大变化后，应及时修订。

3. 黑启动方案的主要内容有哪些?

答：主要内容如下：

（1）“黑启动”电源选择及子系统划分。

（2）系统恢复路径。

（3）发电厂及变电站停电后待受电系统。

（4）计算校验报告。

4. 系统解列后，为了加快同期并列，可采取哪些措施?

答：当发生系统事故时，有同期并列装置的变电站在可能出现非同期电源来电时，应主动将同期并列装置接入，检验是否真正同期。发现符合并列条件时，应立即主动进行并列，而不必等待调度员命令。

（1）将频率较高部分系统的频率降低，但不得低于49.5Hz。

（2）将频率较高系统的部分机组与系统解列，然后与频率较低系统并列。

（3）将频率较低系统的负荷，短时间切换到频率较高系统。

（4）在频率较低系统中切除部分负荷，使频率回升至49.5Hz以上。

（5）系统事故时允许经长距离输电线路的两个系统电压相差20%，频率相差0.5Hz进行同期并列。

（6）启动备用机组，与频率较低系统并列。

5. 电压互感器运行异常随时可能发展成故障时应如何处理?

答：处理原则如下：

（1）不得用近控操作该电压互感器的高压。

（2）不得将电压互感器的次级与正常运行的闸刀电压互感器次级进行并列。

（3）不得将该电压互感器所在母线的母差停用或将母差改为破坏固定接线。

（4）该电压互感器高压侧闸刀若可远控操作时，可用高压侧闸刀进行隔离。

（5）无法采用高压侧闸刀进行隔离时，可用开关切断该电压互感器所在母线的电源或所在联络线路两侧的电源开关，然后隔离异常的电压互感器。

6. 配电网中性点不接地系统中，若母线电压互感器高压熔丝一相熔断，有什么现象?

答：一般有下述现象：

（1）TA断线告警。

（2）“××母线接地”光字牌亮。

（3）母线电压一相电压降低，其他两相电压相等。

（4）与该母线有关的电压、有功、无功功率读数下降。

7. 二次电压回路断线时，相应保护装置应如何处理？

答：二次电压回路断线时，应将取自该电压回路、可能拒动或误动的保护装置退出，如距离保护、备自投、低电压保护、振荡解列装置、检无压重合闸等。

8. 配电网母线电压互感器高压熔断器熔断应如何处理？

答：配电网母线电压互感器高压熔断器熔断后，应尽快按以下要求处理：

（1）应将电压取自该电压互感器并可能造成误动或拒动的继电保护及自动装置停用，如距离保护、备自投、电容器欠电压保护等。

（2）若有多台母线电压互感器，则检查熔断器熔断电压互感器二次回路良好后，将其切换到正常电压互感器二次供电，电压互感器改检修调换高压熔断器。

（3）不停电切换二次回路，一次侧母线需先行并列，防止电压互感器反向充电。一次侧母分并列操作可能形成电磁环网的操作前需经上级调度同意。

（4）在只有一台母线电压互感器、一次侧无法并列或熔断器熔断处理能短时复役等情况下，则可不切换二次回路，电压互感器直接改检修处理。

（5）在电压互感器与母线避雷器共用高压隔离开关时，如遇雷雨天气，电压互感器停役处理应尽可能把所在母线与其他母线一次并列运行。

9. 断路器常见的故障有哪些？

答：断路器本身常见的故障有闭锁分合闸、三相不一致、操动机构损坏或压力降低、切断能力不够造成的喷油或爆炸以及具有分相操动能力的断路器不按指令的相别动作等。

10. 开关机构弹簧未储能，对开关分合闸有何影响？ 应如何处理？

答：开关机构弹簧未储能，若开关处于分位，则发出控制回路断线信号，将无法合闸；若开关处于合位，开关仍能分闸，但故障跳闸后将无法重合。

对于开关机构弹簧未储能，应检查储能交流电动机运转是否正常、操动机构或二次回路是否有松动等，若仍无法储能，则应安排将开关间隔停电检修。

11. 什么是断路器偷跳？ 断路器偷跳的原因有哪些？ 应如何处理？

答：系统无短路或直接接地现象，继电保护及自动装置未动作，而断路器自动跳闸的现象称作断路器偷跳。引起断路器偷跳的主要原因有：人员误碰误操作、机械外力振动、二次回路绝缘不良直流两点接地等。处理时，应明确系统无短路故障存在，若是由人员误碰误操作、机械外力振动引起自动脱扣等引起的偷跳，排除断路器故障原因后，应立即送电。对其他电气或机械故障，无法立即恢复送电的，则应将偷跳断路器停电检修处理。

12. 说明发电厂、变电站全停现象的原因及判别。

答：发电厂、变电站全停的现象与母线停电现象基本相同，其原因一般有母线本身故障、母线上所接元件故障时保护或开关拒动，外部电源全停造成等，同时发电厂、变电站的厂用、站用电全停。

判断是否为发电厂、变电站全停要根据系统潮流情况、现场仪表指示、保护和自动装置动作情况、开关信号及事故现象（如火光、爆炸声等）等综合考虑，切不可只凭厂用、站用电源全停或照明全停而误认为是发电厂、变电站全停电。同时，应尽快查清是本站母线故障还是因外部原因造成本站母线停电。

13. 发电厂、变电站全停的危害是什么？

答：发电厂、变电站全停严重威胁电网运行安全，具体表现如下：

（1）大容量发电厂全停时使系统失去大量电源，可能导致系统频率事故及相关联络线过载等情况。

（2）变电站站用电全停会影响监控系统运行及断路器、隔离开关等设备的电动操作，同时发电厂失去厂用电会威胁机组轴系等相关设备安全，并会因辅机等相关设备停电对恢复机组运行造成困难。

（3）枢纽变电站全停通常将使系统失去多回重要联络线，极易引起系统稳定破坏及相关联络线过载等严重问题，进而引发大面积停电事故。

（4）末端变电站全停可能造成负荷损失，中断向部分电力用户的供电，如时间较长将产生较严重的社会影响。

14. 发电厂、变电站全停时的注意事项是什么？

答：注意事项如下：

（1）全面了解发电厂、变电站继电保护动作情况、断路器位置、有无明显故障现象。

（2）了解厂用、站用系统情况，有无备用电源等。

（3）全停发电厂有条件应启动备用柴油发电机，尽快恢复必要的厂用负荷，保证设备安全。

（4）利用备用电源恢复供电时，应考虑其负载能力和保护整定值，防止过负载和保护误动作。必要时，只恢复厂用、站用电和部分重要用户的供电。

（5）恢复送电时必须注意防止非同期并列，防止向有故障的电源线路反送电。

15. 变电站全停时，调度员应如何处理？

答：变电站全停时，调控员应采取以下措施尽快恢复供电：

（1）查明是上级系统原因还是本站设备故障引起的停电，若是本站设备故障，则加以隔离。

（2）短时能恢复供电的，则调整方式等待来电或处理后送电。

（3）较长时间内无法恢复供电的，则考虑负荷转移，优先转供所用电及重要线路，线路转供时要避免对侧主变压器及线路超限，同时要注意保护及自动装置的匹配。

16. 因上级电网原因导致变电站全停时，应如何处理？

答：判断变电站全停后（各设备电压电流等为零、电容器欠压跳闸），联系上级电网调度确定是上级电网原因导致本站失电后，应按以下要求进行处理：

（1）单电源变电站，可不作任何操作，等待来电。

（2）多电源分段母线，应拉开母分开关，每条母线上保留一路电源断路器等待来电，并列变压器高低压侧应分列运行，以免电磁环网或非同期合环。

（3）对由于备自投应动作而未动作造成的全站停电，在确定非本站设备故障原因后，在确定非本站设备故障原因后，可拉开停电电源进线开关再合上备用电源进线开关。

（4）变电站上级电源无法恢复送电时，有条件用联络线路倒出部分负荷时，应用联络线路恢复用户供电。

（5）母线并列小电厂时，应核实电厂已解列，待母线恢复后再告其并列。

（6）馈线及其他断路器一般不拉开，上级电网调度要求的除外。

17. 变电站站用变压器全停有何影响？ 应如何处理？

答：变电站站用电全停后，有以下一些影响：

（1）照明等部分非重要交流用电将停电。

（2）若蓄电池容量不足，有可能断开的断路器只够一次合闸，线路跳闸后可能无法重合。

（3）影响变电站监控系统及远动通信装置运行，甚至可能造成全站通信中断。

变电站失去所用电后，应尽快排除故障送出所用电，或经其他变电站联络线转供站用电，限制 UPS 及直流母线所带的部分非重要负荷，必要时可外接发电机供站用电。

18. 厂站直流系统正、负极接地对运行有什么危害？

答：直流正极接地有造成保护误动的可能，因为一般跳闸线圈（如出口中间线圈和跳合闸线圈等）均接负极电源，若这些回路再发生接地或绝缘不良就会引起保护误动作。直流负极接地与正极接地同一道理，如回路中再有一点接地就可能造成保护拒绝动作（越级扩大事故）。因为两点接地将跳闸或合闸回路短路，这时还可能烧坏继电器接点。

19. 厂站直流系统发生一点接地时，现场运维人员应如何处理？

答：当变电站发生直流系统一点接地时，运维人员应尽快检查并设法排除接地点，防止出现二点接地。无人值班站则由变电运维站（班）迅速派人赴变电站查找，按现场运行规程及有关规定顺序进行查找。如需短时间切除直流电源时，应与相应调度机构的值班员联系，得到其许可后方能停用。

20. 对系统低频率事故处理有哪些方法？

答：任何时候保持系统发供用电平衡是防止低频率事故的主要措施，因此在处理低频率事故时的主要方法有：

（1）调出旋转备用。

（2）迅速启动备用机组。

（3）联网系统的事故支援。

（4）必要时切除负荷（按事先制定的事故拉电序位表执行）。

21. 系统高频率运行的处理有哪些方法？

答：处理系统高频率运行的主要办法是：

（1）调整电源出力。对非弃水运行的水电机组优先减出力，直至停机备用；对火电机组减出力至允许最小技术出力。

（2）启动抽水蓄能机组抽水运行。

（3）对弃水运行的水电机组减出力直至停机。

（4）火电机组停机备用。

22. 防止频率崩溃有哪些措施？

答：防止频率崩溃的主要措施是：

（1）电力系统运行应保证有足够的、合理分布的旋转备用容量和事故备用容量。

（2）水电机组采用低频自启动装置和抽水蓄能机组装设低频切泵及低频自动发电的装置。

（3）采用重要电源事故联切负荷装置。

（4）电力系统应装设并投入足够容量的低频率自动减负荷装置。

（5）制定保证发电厂厂用电及对近区重要负荷供电的措施。

（6）制定系统事故拉电序位表，在需要时紧急手动切除负荷。

23. 当出现哪些现象时，不论保护动作与否，变压器应立即停运？

答：（1）变压器内部声响很大，很不均匀，有爆裂声。

（2）在正常冷却条件和负荷下，变压器温度不正常且不断上升。

（3）储油柜喷油或防爆管破裂、喷油、冒烟。

（4）严重漏油致使从油位计指示中看不到油面。

（5）油色变化过甚，油内出现碳质。

（6）套管有严重破损或放电现象。

（7）气体继电器气体可燃。

24. 哪些故障情况可引起变压器气体保护动作？

答：（1）变压器内部的多相短路。

（2）匝间短路，绕组与铁芯或与外壳间的短路。

（3）油面下降或漏油。

（4）分接开关接触不良或导线焊接不良。

25. 变压器差动保护动作跳闸的原因一般有哪些？

答：（1）差动保护区间内变压器及其他设备短路故障。

（2）由于电流互感器误差或分接头调整而引起的不平衡电流过大。

（3）区间外短路故障穿越电流或励磁涌流过大造成误动。

（4）差动电流互感器及其二次回路故障或接线错误。

26. 轻瓦斯保护动作应如何处理？

答：变压器气体保护反映变压器油箱内各种故障和异常，当变压器轻瓦斯动作时，应立即告知现场运维人员检查，若要求进一步停电检查或处理的，则切换电源及转移负荷，将变压器停电隔离。

27. 变电站主变压器过负荷时应如何消除过负荷？

答：变电站主变压器过负荷应采取以下措施：

（1）投入备用变压器。

（2）投入母线并联电容器消减无功电流。

（3）调整有关发电厂出力。

（4）转移负荷。

（5）有序用电。

（6）紧急时按照超电网供电能力序位表进行限电。

28. 什么是母线失电？ 导致母线失电的原因有哪些？

答：母线失电指由于各种原因导致母线电压为零，而连接在该母线上正常运行的断路器全部或部分断开。导致母线失电的原因如下：

（1）母线及连接在母线上运行的设备发生故障。

（2）出线故障时，连接在母线上运行的断路器拒动，导致失灵保护动作使母线停电。

（3）母线上元件故障，其保护拒动时，依靠相邻元件的后备保护动作切除故障时导致母线停电。

（4）单电源变电站的受电线路或电源故障。

（5）发电厂内部事故，使联络线跳闸导致全厂停电。

（6）保护及二次回路误接线、误整定、误碰所引起的母差保护误动或变压器、母联（分段）断路器跳闸。

29. 判断母线失电的依据有哪些?

答：判别母线失电的依据是同时出现下列现象：

（1）该母线的电压表指示消失。

（2）该母线的各出线及变压器负荷消失（电流表等指示为零）。

（3）该母线所供的站用（厂用）电失去。

（4）无设备故障引起的声、光等现象，母线保护未动作。

30. 什么是母线故障？ 导致母线故障的原因有哪些?

答：母线故障指由于各种导致母线保护动作，切除母线上所有断路器，包括母联断路器。母线常见故障如下：

（1）母线及其引线的绝缘子闪络或击穿，或支持绝缘子断裂倾倒。

（2）直接通过隔离开关连接在母线上的电压互感器或避雷器发生故障。

（3）某些连接在母线上的出线断路器、隔离开关本体发生故障。

（4）GIS 母线 SF_6 气体泄漏故障。

31. 怎样判断变电站母线是否因故障停电?

答：变电站母线停电，一般是因母线故障或母线上所接元件保护、断路器拒动造成的，亦可能因外部电源全停造成的。要根据仪表指示、保护和自动装置动作情况、断路器信号及事故现象（如火光、爆炸等）判断事故情况，并且迅速采取有效措施。事故处理过程中切不可只凭站用电源全停或照明全停而误认为是变电站全停电。

32. 用母联开关向空母线充电发生了谐振，应如何处理？送电时如何避免发生谐振？

答：用母联开关向空母线充电发生谐振时，应立即拉开母联开关使母线停电，以消除谐振。送电时为避免发生谐振可采用线路及母线一起充电的方式或者对母线充电前退出电压互感器，充电正常后再投入。

33. 对多电源变电所母线失电，为防止各电源突然来电引起非同期，现场值班人员应如何自行处理？

答；（1）单母线应保留一电源断路器，其他所有断路器（包括主变压器和馈供断路器）全部拉开。

（2）双母线应首先拉开母联断路器，然后在每一组母线上只保留一个主电源断路器，其他所有断路器（包括主变压器和馈线断路器）全部拉开。

（3）如停电母线上的电源断路器中仅有一台断路器可以并列操作的，则该断路器一般不作为保留的主电源断路器。

（4）变电站母线失电后，保留的主电源断路器由省调定期发布。

34. 配电网线路一般出现哪些情况需要立即停电？

答：（1）线路发生倒杆、断线、安全距离不够等严重威胁人身安全的缺陷。

（2）配合抢险救灾或突发事件处理需要紧急停电的。

（3）线路有紧急缺陷随时可能发展成故障跳闸的。

（4）高危重要用户设备需要紧急停电的。

35. 哪些情况应停用线路重合闸装置？

答：遇有下列情况应立即停用有关线路重合闸装置：

（1）重合闸装置不能正常工作时。

（2）不能满足重合闸要求的检查测量条件时。

（3）可能造成非同期合闸时。

（4）长期对线路充电时。

（5）断路器遮断容量不允许重合时。

（6）线路上有带电作业要求时。

（7）系统有稳定要求时。

（8）超过断路器跳合闸次数时。

36. 线路过负荷运行有何影响？ 应采取什么措施？

答：线路过负荷运行，有下述不利影响：

（1）超过过电流保护允许电流，有可能保护误动。

（2）电流互感器一次最大负荷不得超过 1.2 倍额定电流，否则会使电流互感器铁芯和绕组过热，绝缘老化，甚至烧坏电流互感器。

（3）造成线路烧断、接头发热、弧垂过大。

可采取以下措施限制线路过负荷：

（1）改变系统运行方式，减少超载线路潮流。

（2）调整有关电厂处理。

（3）在线路受端进行限电或拉电。

37. 线路跳闸对电网有哪些影响？

答：（1）当带负荷的馈供线路跳闸后，将直接导致线路所带负荷停电。

（2）当带发电机运行的线路跳闸后，将导致发电机解列。

（3）当环网线路跳闸后，将导致相邻线路潮流加重甚至过载。或者使电网机构受到破坏，相关运行线路的稳定极限下降。

（4）系统联络线掉闸后，将导致两个电网解列。送端电网将功率过剩，频率升高；受端电网将出现功率缺额，频率降低。

38. 10kV 线路发生断线时低压用户有何现象?

答：10kV 线路断线后，根据故障类型不同，低压用户将出现以下现象：

（1）两相或三相断线时，断线点后段普遍停电。

（2）一相断线时，对于单相用户（如照明等），则断线相用户停电，非断线相用户电压偏低。对于三相动力用户，则反映缺相，电动机跳停、运行异常甚至烧毁。

39. 雷雨期间，事故处理、抢修有哪些规定?

答：（1）雷雨天气对于跳闸重合失败的线路可以对重要用户线路强送一次。

（2）无论线路跳闸重合成功与否都要立刻安排抢修班组巡线以避免因为断线而导致的人身伤亡事故。

（3）停 35kV 线路必须考虑站内消弧线圈挡位的调节。

40. 单相接地故障处理时有哪些操作规定?

答：（1）发生单相接地时，不允许进行下列操作：

1）用闸刀切断变压器或线路的充电电流；

2）变配电站内用闸刀进行并解操作；

3）用闸刀切断负荷电流；

4）用杆上闸刀切断单相接地充电电流（有特殊规定者除外）。

（2）测寻故障时，为了尽可能对用户供电不影响或缩小停电范围，允许执行下列操作：

1）可用杆上负荷闸刀进行的暂时性合环解环操作，操作时间应力求缩短；

2）在杆上负荷闸刀允许的遮断电流范围内，可用杆上负荷闸刀拉开或合上单相接地电流；

3）遵守自落熔丝允许的操作规范，可用自落熔丝拉开或合上单相接地电流；

4）变配电站内压变装有中性点接地闸刀的，当系统发生单相接地故障时按持续运行 2h 的规定，在到达规定时间，应将压变中性点接地闸刀拉开，在继续处理接地故障时，可短时合上，来判别故障点，也可用电笔验电方法来判别故障点。

41. 小电流接地系统发生单相接地时，寻找单相接地的顺序如何?

答：（1）当系统发生单行线接地故障时，为缩小受影响的范围，如系统可分割为几个独立部分，则应尽可能进行分割，以确定故障区域。进行分割时，应考虑分割后的线路或变压器是否会过负荷，并注意信号及保护装置的动作条件有无变更。

（2）在下列情况下可以试拉出线：

1）当变电站内装有选测出线接地指示的，测寻故障时应充分应用它作为判断故障线路的依据；

2）当变电站设备找不出故障，线路缺乏信号装置或信号装置不准确；

3）有两路以上出线接地信号同时动作。

（3）试拉程序原则：

1）试拉有接地信号指示的元件；

2）试拉充电线路及电容器；

3）试拉有重合闸与无重合闸线路时，应以有重合闸在前（重合闸装置应先试验良好）；

4）试拉时一般用户、负荷轻者在前；

5）试拉负荷较重线路时以分支多、线路长的在前。

5.2 提高部分

42. 电网黑启动过程中应注意哪些问题？

答：电网黑启动过程中考虑到电网频率和电压的波动以及电网稳定的冗余度情况，应注意以下几个问题：

（1）无功功率平衡问题。在电网的恢复过程中，自启动机组发出的启动功率需经过高压输电线路送出，恢复初期的空载或轻载充电输电线路会释放大量的无功功率，可能造成发电机组自励磁和电压升高失控，引起自励磁过电压限制器动作。因此要求自启动机组具有吸收无功的能力，并将发电机置于厂用电允许的最低电压值，同时将自动电压调节器投入运行。在线路送电前，将并联电抗器先接入电网，断开并联电容器，安排接入一定容量（最好是低功率因数）的负荷等。

（2）有功功率平衡问题。为保持启动电源在最低负荷下稳定运行和保持电网电压有合适的水平，往往需要及时接入一定负荷。负荷的少量恢复将延长恢复时间，而过快恢复又可能使频率下降，导致发电机低频切机动作，造成电网减负荷。因此增负荷的比例必须在加快恢复时间和机组频率稳定两者之间兼顾。为此，应首先恢复较小的馈供负荷，而后逐步带较大的馈供负荷和电网负荷。低频减载装置控制的负荷，只应在电网恢复的最后阶段才能予以恢复。一般认为，允许同时接入的最大负荷量，不应使系统频率较接入前下降 0.5Hz。

（3）频率和电压控制问题。在黑启动过程中，保持电网频率和电压稳定至关重要，每操作一步都需要监测电网频率和重要节点的电压水平，否则极易导致黑启动失败。频率与系统有功即机组功率和负荷水平有关，控制频率涉及负荷的恢复速度、机组的调速器响应和二次调频。因此恢复过程中必须考虑启动功率和重要负荷的分配比例，尽量减少损失，从而加快恢复速度。

（4）投入负荷的过渡过程。一般除了电阻负荷外，在电网中接入其他负荷，都会产生过渡过程功率，但由于大多数负荷的暂态过程不过1～2s，它们对带负荷机组的频率及电压一般影响都不大。

（5）保护配置问题。恢复过程往往允许电网工作于比正常状态恶劣的工况，此时若保护装置不正确动作，就可能中断或延误恢复，因此必须相应调整保护装置的配置及整定值，保证简单可靠。

43. 系统解列后，电网小系统基本处理原则是什么，举例说明。

答：基本处理原则如下：

（1）指定小系统内第一调频电厂，负责小系统的调频调压工作，尽一切可能稳住小系统。

（2）搭建一条并网电气通道，恢复小系统与大电网同期并列。

（3）两个系统同期并列点需选择装有同期装置的开关（一般为电厂侧）。

（4）小系统调频调压要求：频率尽量控制在49.5Hz以上（与大电网频率偏差±0.5Hz以内），发电厂母线电压与大系统尽量接近（有条件应控制在10kV以内）。

案例：A站与大电网相联，B站两路电源分别来自A站和发电厂C，某日，A站与B站联络线发生永久性故障，两侧开关跳闸，值班调控员应如何处理？运行方式如图5－1所示。

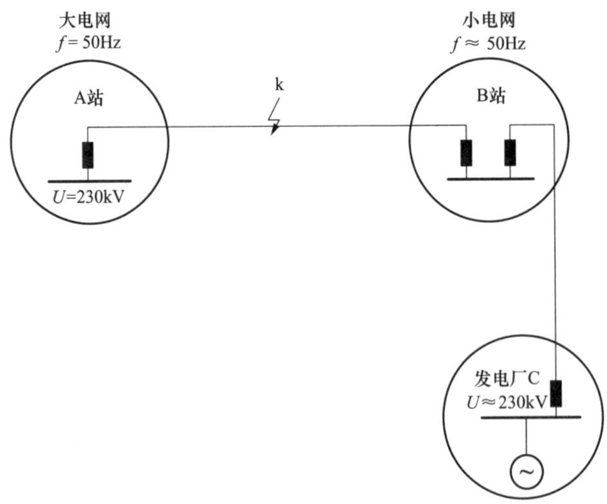

图5－1　电网小系统事故处理

分析：（1）B站和发电厂C构成小系统，调度指定发电厂C为小系统内第一调频电厂，通过调频调压及负荷控制将小系统稳住。

（2）小系统稳定后，在并列点与大电网之间尽快搭建一条快速电气通道，即 B 站空母线，搭建一条连通 A 站（大电网）与发电厂 C（小系统）的电气通道。

（3）通道搭建完毕后，小系统与大电网同期并列点选择在第一频率发电厂 C 出口开关。同期并列前，要求发电厂 C 调整小系统频率尽量接近大电网，发电厂 C 母线电压尽可能与 A 站母线电压接近。

44. 某双母线接线形式的变电站中，装设有母差保护和失灵保护，当一组母线电压互感器出现异常需要退出运行时，是否允许母线维持正常方式且仅将电压互感器二次并列运行？为什么？

答：不允许，此时应将母线倒为单母线或将母联断路器闭锁，而不能仅简单将电压互感器二次并列运行。因为如果一次母线为双母线方式，且母联断路器能够正常跳开，使用单组电压互感器且电压互感器二次并列运行时，当无电压互感器母线上的线路故障且断路器失灵时，失灵保护将断开母联断路器，此时，非故障母线的电压恢复，尽管故障元件依然还在母线上，但由于复合电压闭锁的作用，将可能使得失灵保护无法动作出口。

45. 母线电压互感器一次故障时，值班调度员应如何处理，举例说明。

答：母线电压互感器一次故障时，电压互感器本体可观测到的发热、渗油、异响、冒烟、火烧、爆炸等异常现象，值班调度员不应采用直接拉开电压互感器一次高压闸刀的隔离方式，应迅速拉停故障电压互感器所在的母线。

案例：某 220kV A 站，35kV 为敞开式布置，35kV 开关和母线闸刀均可在控制室远控操作。35kV 一母线上共有 4 回出线或元件，某日，运维人员汇报，巡视发现 35kV 一母 TV 有异声。待现场进一步检查发现，TV 本体有冒白烟现象，异声正不断增强。运行方式如图 5－2 所示。

分析：停用 35kV 一/四母备自投后，将 1 号主变压器 35kV 一母线上出线和站用变开关先全部改为热备用，再将 1 号主变压器 35kV 一段开关改为热备用，拉停 35kV 一母线，使 35kV 一母电压互感器失电后可靠隔离。

46. 母线电压互感器二次异常时，值班调度员应如何处理，举例说明。

答：判别母线电压互感器二次异常：电压互感器一次无异常，二次相关回路出现异常告警，值班调度员不得近控操作该电压互感器的高压闸刀，可采用遥控操作拉开母线电压互感器一次高压闸刀的方式进行初步隔离故障，再进行相关的方式、保护调整后，隔离异常设备。需要注意的是，母线电压互感器二次异常不得将该电压互感器的次级与正常运行的电压互感器次级进行并列，不得将该电压互感器所在母线的母差保护停用或将母差改为破坏固定接线或单母方式。

案例：220kV A 站，220kV 正母交流电压回路异常，值班调控员应如何处理？运行

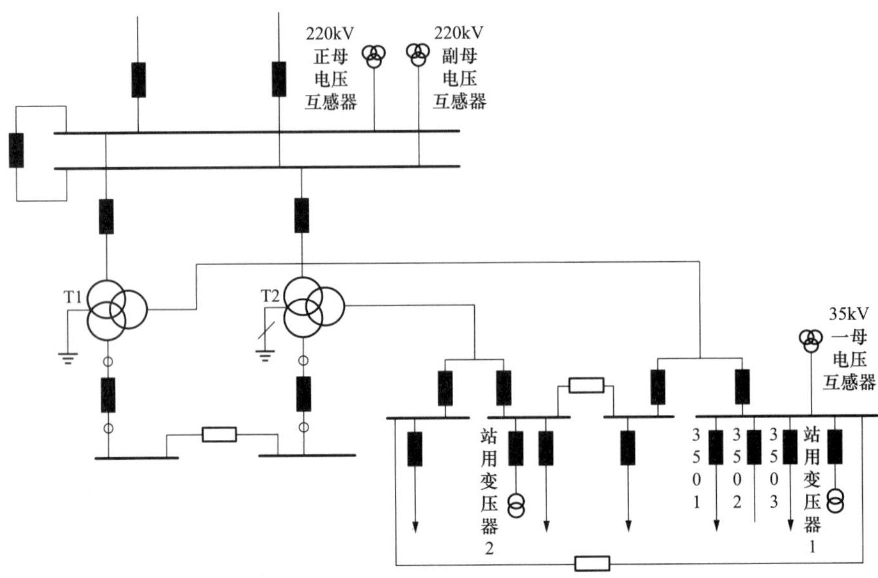

图5－2　母线电压互感器一次故障处理

方式如图5－3所示。

分析：值班调控员不得近控操作该电压互感器的高压闸刀，可采用遥控方式拉开该电压互感器的高压闸刀，同时，由于不能确定该电压互感器次级有无故障，不能将其与正常运行的电压互感器次级进行并列。

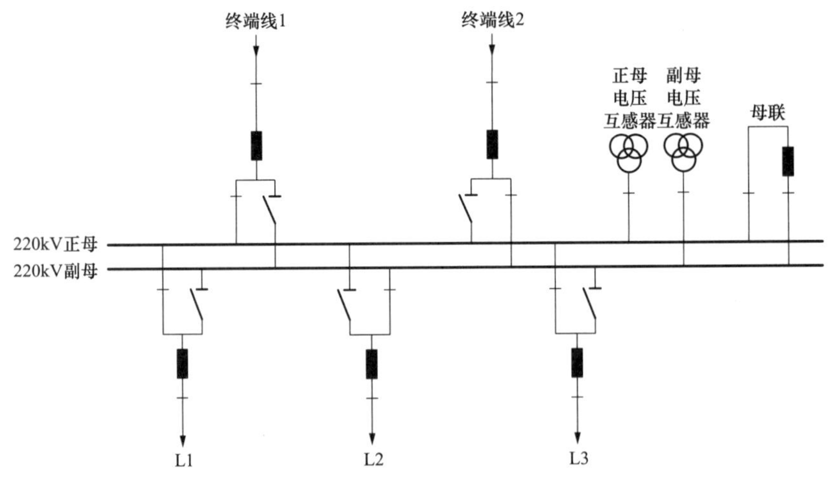

图5－3　母线电压互感器二次异常处理

47. 断路器在运行中出现分合闸闭锁时应立即采取什么措施，举例说明（4个案例）。

答：断路器在运行中因操动机构液压或SF_6压力低闭锁等原因出现分合闸闭锁时，应尽快将闭锁断路器从运行中隔离出来，否则，若设备发生故障，会扩大事故范围，可根据以下不同情况采取措施：

（1）断路器出现“合闸闭锁”尚未出现“分闸闭锁”时，可根据情况下令拉开此断路器，否则将该断路器的重合闸停用。

（2）断路器出现“分闸闭锁”时，应停用断路器的操作电源，并按现场规程进行处理，具体处理如下：

1）若有旁路断路器，可采用旁路断路器代供方式隔离，在旁路断路器代闭锁断路器时，环路中断路器应改为非自动状态。

2）220kV 3/2 接线的变电站站内断路器发生分合闸闭锁时，如此时站内完整运行串数在两串及以上，闭锁断路器所在运行串为完整运行串时，则可直接遥控拉开闭锁断路器两侧隔离开关，隔离闭锁断路器；若隔离开关遥控失灵或闭锁断路器所在运行串不是完整运行串，应将闭锁断路器所有来电侧有效隔离，然后拉开闭锁断路器两侧隔离开关，隔离闭锁断路器。

3）闭锁断路器所带元件（线路、变压器等）有条件停电，首先考虑将闭锁断路器停电隔离后，再无压拉开闭锁断路器两侧隔离开关处理。

4）双母线方式时，对侧先拉开线路（变压器另一侧）断路器后，本侧将其他元件倒到另一条母线，用母联断路器与闭锁断路器串联，再用母联断路器拉开空载线路，将闭锁断路器停电，最后拉开该闭锁断路器两侧隔离开关。

案例一：220kV A 站，其 220kV 为双母带旁路接线方式，某日，系统告警：断路器 L1 闭锁分闸，现场汇报无法带电处理，值班调控员应如何处理？运行方式如图 5－4 所示。

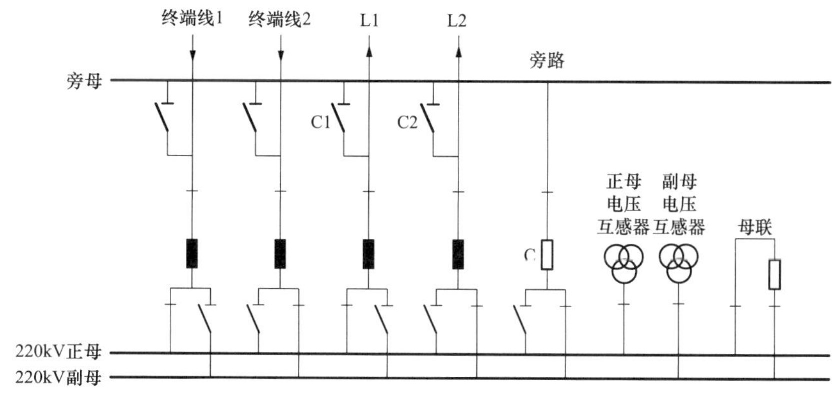

图 5－4　断路器分闸闭锁（有旁路开关）异常处理

分析：考虑用旁路开关代闭锁断路器 L1，具体操作步骤如下：

（1）旁路开关 C 改为正母热备用。

（2）遥控合上旁路开关 C（用上充电保护），对旁母充电。

（3）遥控拉开旁路开关 C。

（4）遥控合上旁路闸刀 C1。

（5）遥控合上旁路开关 C，旁路开关 C 改为非自动。

（6）拉开断路器 L1 两侧隔离开关，隔离异常开关。

（7）旁路开关 C 改为自动。

案例二：500kV A 站，其 500kV 为 3/2 接线方式，某日，系统告警：断路器 5011 闭锁分闸，现场汇报无法带电处理，值班调控员应如何处理？运行方式如图 5－5 所示。

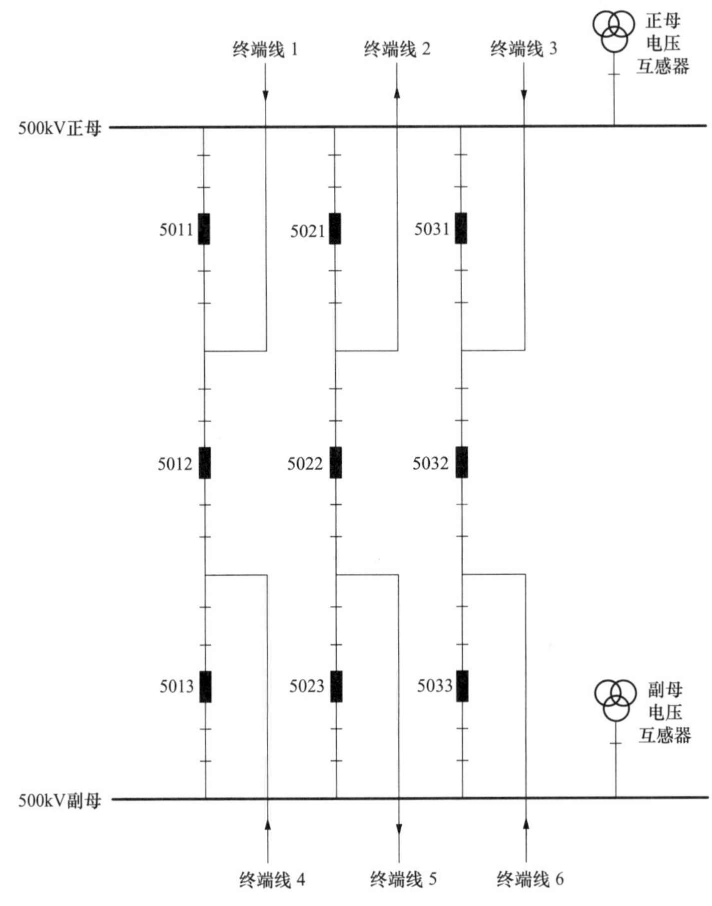

图 5－5　断路器分闸闭锁（3/2 接线方式）异常处理

分析：A 站 500kV 侧有完整串两串（除了异常开关 5011 所在的串），且异常开关 5011 所在运行串为完整运行串（三个开关），值班调控员可直接遥控拉开 5011 开关两侧隔离开关予以隔离。若隔离开关遥控失灵或异常开关 5011 所在运行串为非完整运行串（两个开关），则须将 5011 开关各来电侧有效隔离，然后拉开 5011 开关两侧隔离开关予以隔离。

案例三：220kV A 站，35kV 馈线开关 3501 闭锁分闸，3501 开关所送 35kV B 站 10kV 侧有低压分段，可以转移负荷，现场汇报 3501 开关无法带电处理，值班调控员应如何处理？运行方式如图 5－6 所示。

分析：考虑拉停 3501 开关所在母线电源断路器，在无压状态下隔离异常开关，具体操作步骤如下：

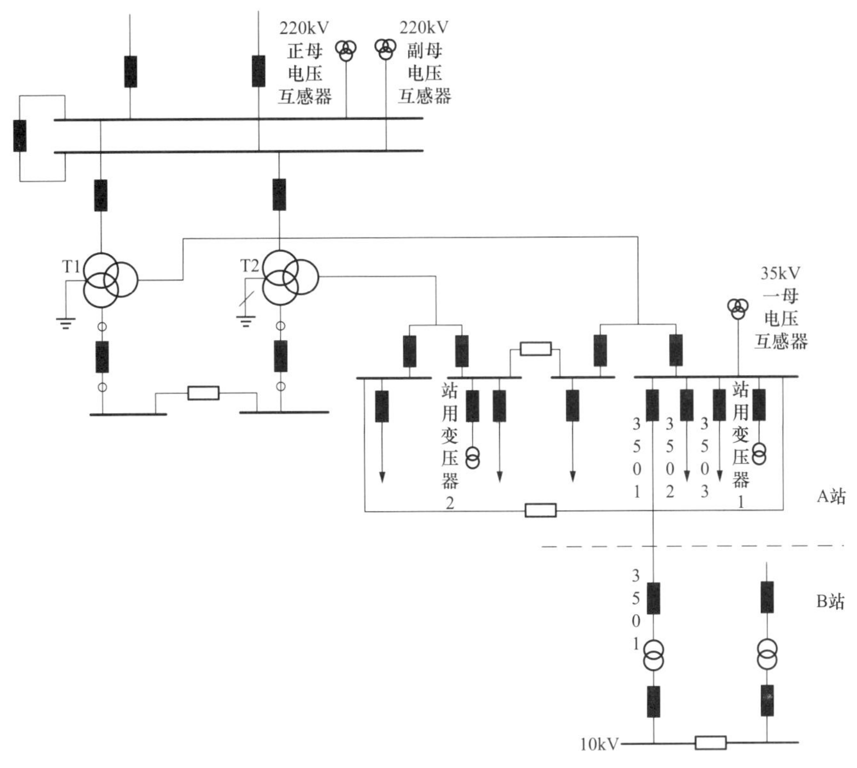

图5－6　断路器分闸闭锁（35kV馈线开关）异常处理

（1）通过B站10kV侧低压分段转移负荷。

（2）遥控拉开异常开关3501所在母线电源断路器。

（3）遥控拉开异常开关3501两侧隔离开关予以隔离。

案例四：110kV A站，正常运行方式下，101、103、107、109运行在110kV Ⅰ段母线，102、106、110运行在110kV Ⅱ段母线，母联100在合位。此时，110kV 106开关闭锁分闸。现场汇报无法带电处理，值班调控员应如何处理？运行方式如图5－7所示。

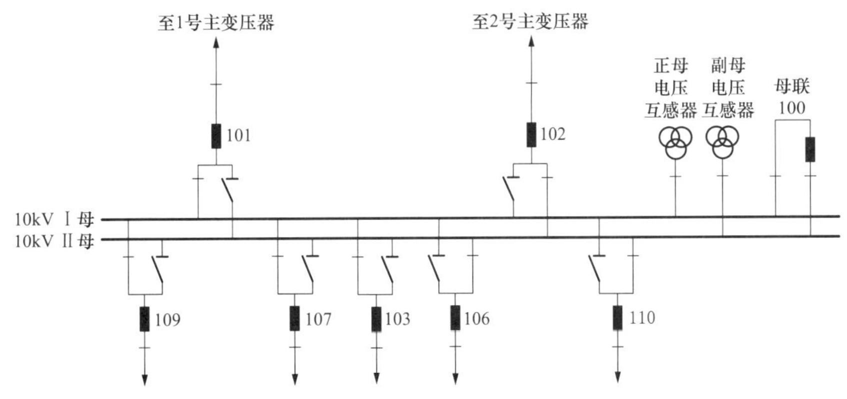

图5－7　断路器分闸闭锁（双母线接线方式）异常处理

分析：考虑利用母联开关拉停异常开关，在无压状态下隔离异常开关，具体操作步骤如下：

（1）将106开关所送负荷转移或拉停，106开关改为非自动。

（2）确认101、103、107、109开关运行在110kV Ⅰ段母线，将102、110开关由110kV Ⅱ段母线转由110kV Ⅰ段母线供电，使得110kV Ⅱ段母线只带有106开关。

（3）断开110kV母联100开关。

（4）在无压状态下拉开1063、1062隔离开关，将106开关隔离。

（5）将110kV母线恢复正常运行方式。

48. 某双母线接线形式的变电站中，母联开关在运行时发生分合闸闭锁，应如何处理？

答：对于母联开关分闸闭锁，如短时可以修复，则可先将开关改为非自动，将某一元件两条母线闸刀同时合上，再断开母联开关两侧闸刀隔离，并调整母差保护。如需停役处理，则首先确定该母联开关两侧闸刀是否能拉开母线充电电流。若能拉开，则转移负荷清空其中一段母线后拉开母联两侧闸刀隔离缺陷开关；若不能拉开，则须转移负荷清空两段母线以隔离缺陷开关。

49. SF_6 断路器出现“断路器 SF_6 气压低闭锁”信号含义、可能原因和可能会造成的后果是什么？ 应如何处理？

答：（1）信息释义：断路器本体 SF_6 压力数值低于闭锁值，压力（密度）继电器动作，断开开关控制回路，开关无法分合，正常应伴有 SF_6 气压低告警和控制回路断线信号。

（2）原因分析：

1）断路器有泄漏点，压力降低到闭锁值。

2）压力（密度）继电器损坏。

3）回路故障。

4）根据 SF_6 压力温度曲线，温度变化时，SF_6 压力值变化。

（3）造成后果：

1）如果断路器分合闸闭锁，此时与本断路器有关设备故障，断路器拒动，失灵保护出口，扩大事故范围。

2）造成断路器内部故障。

（4）处理方式：

1）询问现场运维值班人员异常开关 SF_6 压力值，是否可以带电补气。

2）若异常开关无法带电补气，须将该开关改为非自动，否则，若故障引起开关跳闸，极端情况下会引起开关爆炸，造成恶劣影响。

3）按断路器分合闸闭锁处理原则进行隔离。

50. 断路器非全相运行可能造成的后果是什么？ 应如何处理，举例说明。

答：断路器正常操作或事故跳闸后，因机构或其他原因造成有一相或两相未分闸或未合闸，会使电网产生负序和零序电流，对设备和继电保护均会造成影响。

110kV 及以上系统（联络线、终端线、变压器）均不得非全相运行。当开关操作时或运行中发生非全相运行时，值班监控员、现场运维值班人员应立即拉开该开关，并立即汇报当值调度员。220kV 3/2 接线的变电站发现站内开关非全相运行时，现场运维值班人员应立即拉开该非全相运行的开关，事后迅速汇报当值调度员。

案例：某 110kV A 站，正常运行方式下，101、103、107、109 运行在 110kV Ⅰ段母线，102、106、110 运行在 110kV Ⅱ段母线，母联 100 在分位。此时，110kV 101 开关发生非全相运行，值班调控员应如何处理？运行方式如图 5 -8 所示。

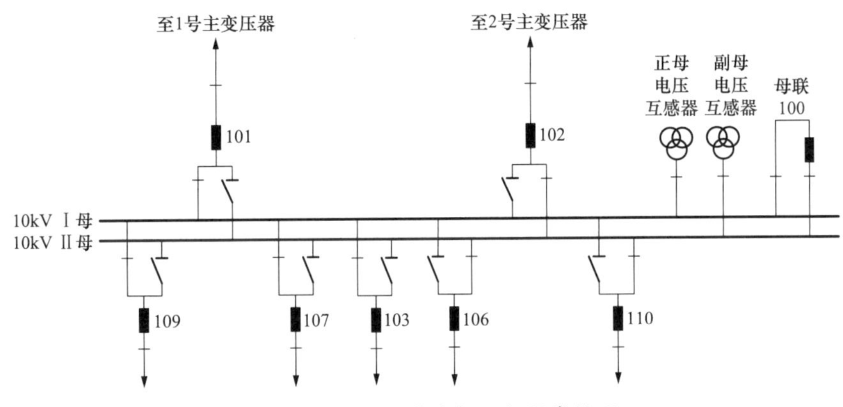

图 5 -8　断路器非全相运行异常处理

分析：具体操作步骤如下：

（1）101 开关改为冷备用，检查 110kV Ⅰ母所送下级厂站备自投动作情况；

（2）合上母联 100 开关，送出 110kV Ⅰ母；

（3）将 110kV Ⅰ母所送下级厂站恢复正常方式。

51. 断路器非全相非自动运行可能造成的后果是什么？ 应如何处理，举例说明。

答：断路器同时发生非全相和非自动异常，不仅对设备和继电保护造成影响，更会扩大事故范围。

若发生 110kV 及以上开关非全相同时非自动运行的故障时，应迅速降低通过非全相运行开关的潮流，同时按以下原则处理：

（1）联络线开关发生非全相同时非自动运行时，应首先拉开联络线对侧开关使该线路处于充电状态，然后用旁路开关代、串供或其他方法隔离该故障开关。

（2）对变压器侧无开关的线路变压器组，其送端开关发生非全相同时非自动运行时，可切除变压器的负荷，然后用旁路开关代或其他方法隔离该开关。

（3）对于变压器开关发生非全相同时非自动运行时，可切除变压器的负荷，然后用旁路开关代或其他方法隔离该开关。

（4）对于220kV系统母联或分段开关发生非全相同时非自动运行时，应采用转移相关母线上运行元件的方法，应将负荷较轻的一组母线上的所有元件冷倒至另一组母线运行，使母联或分段开关处于对一组母线充电的状态，然后拉开故障的母联或分段开关两侧隔离开关将故障开关隔离。必要时可采用拉停母线等处理方法尽快隔离该故障开关。

（5）对于220kV系统旁路开关发生非全相同时非自动运行时（指旁路开关处于空充220kV旁路母线的状态），应拉开旁路开关两侧隔离开关将故障开关隔离。

（6）220kV 3/2接线的变电站站内开关发生非全相同时非自动运行故障时，应切断与该非全相同时非自动开关有联系的所有电源，使该故障开关停电，然后拉开该故障开关两侧隔离开关，隔离该故障开关。

案例：某220kV A站，接线方式如图所示，当发生如下情况，值班调控员应如何处理？运行方式如图5－9所示。

（1）联络线2009开关发生非全相非自动运行；

（2）终端线2010开关发生非全相非自动运行；

（3）变压器开关2802发生非全相非自动运行；

（4）母分2100开关发生非全相非自动运行。

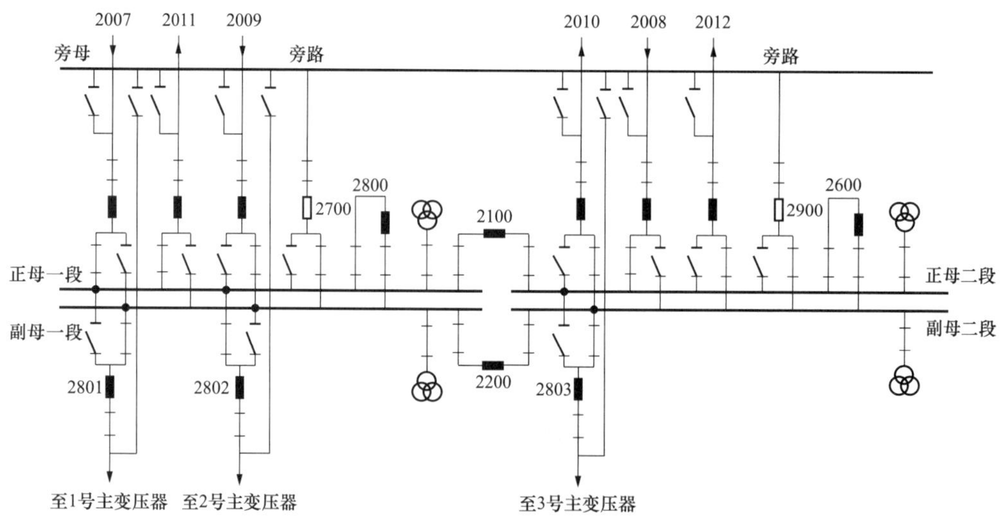

图5－9 断路器非全相非自动运行（双母双分段带旁路）异常处理

分析：具体操作步骤如下：

（1）首先拉开联络线2009对侧开关，使线路处于空充状态；其次，220kV A站有旁路，考虑用旁路2700开关代2009，在等电位情况下将2009开关隔离。

（2）首先考虑通过低压方式调整将终端线2010所送220kV站负荷转移，注意不能热倒，使线路处于空充状态；其次，220kV A站有旁路，考虑用旁路2900开关代2010，在等电位情况下将2010开关隔离。

（3）首先考虑通过站内低压方式调整将变压器所送负荷转移，注意不能热倒；其次，220kV A站有旁路，考虑用旁路2700开关代2802，在等电位情况下将2802开关隔离。

（4）考虑将一段母线上所连接的元件拉停或冷倒至相邻母线，即将2008开关冷倒至220kV II母，拉开母联2600开关，使母分2100开关处于对II母空充状态，然后拉开2100开关两侧隔离开关将其隔离。

案例：某500kV A站，3/2接线方式，5011开关发生非全相非自动运行，值班调控员应如何处理？运行方式如图5－10所示。

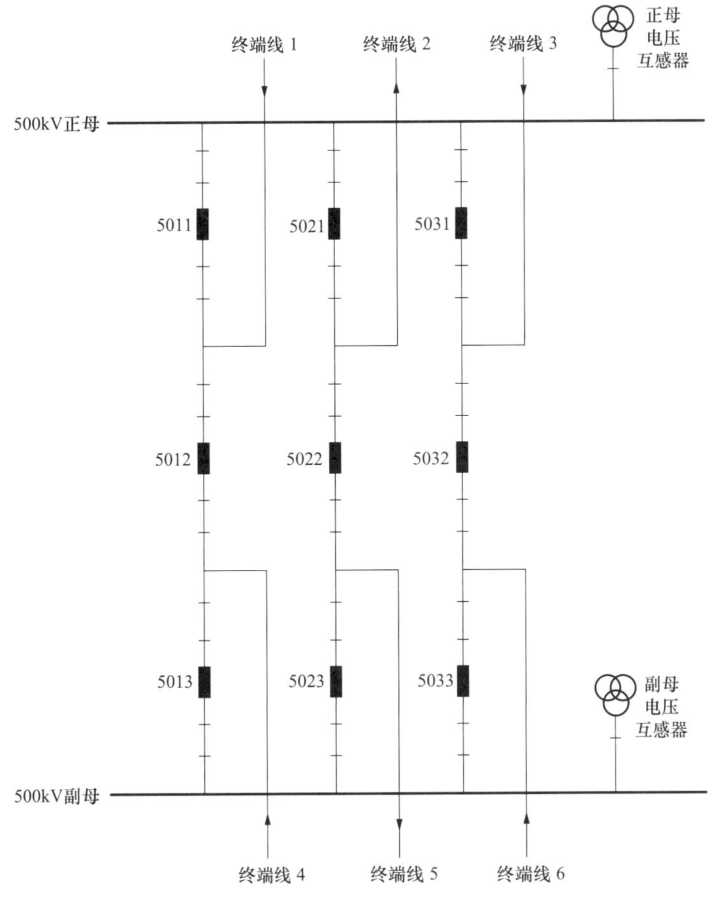

图5－10 断路器非全相非自动运行（3/2接线）异常处理

分析：考虑切断与5011开关有联系的所有电源，即5012、5021、5031、终端线1对侧开关，使5011开关停电，然后拉开5011开关两侧隔离开关将其隔离。

52. 隔离开关在运行中出现的异常，应如何处理，举例说明。

答：隔离开关在运行中的出现的异常有分合闸不到位和接头发热：

（1）分合闸不到位是指隔离开关

在合闸操作中发生三相不到位或三相不同期、分合闸操作中途停止、拒分、拒合等异常情况，由于通常操作隔离开关时，该元件断路器已在断开位置，因此隔离开关异常后，可安排该元件停电检修，进行处理。

（2）接头发热是指因接触不良使隔离开关的导流接触部位发热，可能造成隔离开关损毁，对于隔离开关接头发热，应设法降低该元件负荷，并加强监视。双母线接线中，可将该元件倒至另一条母线运行；有专用旁路断路器接线时，可用旁路断路器代路运行。如停用发热隔离开关，可能引起停电并造成损失较大时，应采取带电作业进行抢修。

案例：某220/35kV两主变压器变电站（见图5-11），220kV采用双母线不带旁路接线，35kV采用双母线接线方式，T1的220kV运行于正母，T2的220kV运行于副母，运维人员汇报2号主变压器220kV闸刀发热到103℃。

（1）若是2号主变压器220kV副母闸刀发热，此情况下如何处理？

（2）如果副母闸刀发热升温很快，设备可能撑不住，应如何处理？

（3）若迎峰度夏期间，不满足$N-1$运行方式，应如何处理？

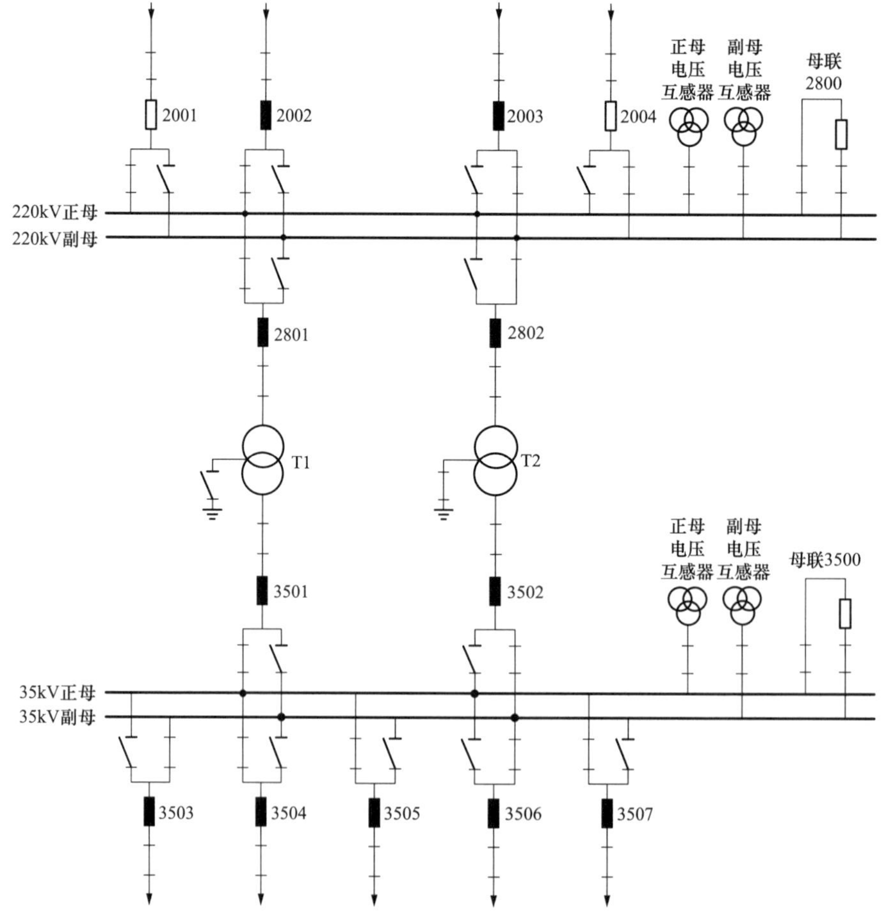

图5-11　隔离开关发热异常处理

分析：具体操作步骤如下：

(1) 向上级调度申请将2号主变压器220kV热倒至正母，1号主变压器220kV热倒至副母。在低谷陪停副母线处理。

(2) 先拉停2号主变，确认负荷自切成功，向上级调度申请将2号主变压器220kV改为正母运行，先2号主变压器带上负荷，再向市调申请将1号主变压器220kV改为副母运行。密切注意1号主变压器过负荷及油温情况，若过负荷变压器油温已达95℃或温升已达55℃，且继续上升时，应立即进行限电或按紧急减负荷程序表进行拉路。

(3) 转移2号主变压器负荷，降低发热程度，密切监视主变压器220kV闸刀发热情况；询问是否可以带电处理，做好闸刀消缺抢修准备工作，在负荷低谷期间，2号主变压器停役消缺，负荷高峰前恢复两台主变压器运行方式。

53. 区域电网间联络线断面超过稳定限额时应采取哪些措施，举例说明（2个案例）。

答：区域电网见联络线断面输送功率超过稳定限额时，相关各级调度应迅速采取措施使其降至限额之内，处理方法一般包括：

(1) 受端电网发电厂增加出力，并提高电压。

(2) 送端电网发电厂较少出力，并提高电压。

(3) 受端电网负荷转移（分区合解环、低压负荷转移等）。

(4) 增加联络通道。

(5) 受端电网分母运行，形成两个单线送终端方式。

(6) 受端电网负荷控制（负控中心临时限电、地调超供拉路）。

案例（一）：地区电网通过L1、L2、L3、L4，与大系统相连（见图5-12），因电网结构及负荷分配原因，L1/L2潮流较大，L3/L4潮流较小。某日，地区电网连续有大机组跳闸，造成L1/L2线路压极限运行，此时尚处于腰荷时期，两小时后负荷将大幅度上升。请简述事故处理要点。

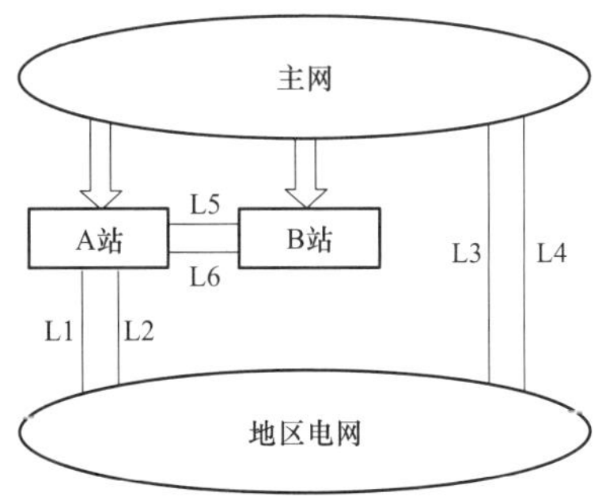

图5-12　地区电网示意图

分析：具体处理步骤如下：

（1）增加地区电网出力，开出备用机组。

（2）有条件将地区电网负荷调整至其他区域供电。

（3）调整主网、地区电网内部方式，使潮流向 L3/L4 转移。

（4）经计算后，拉开 L5/L6 线路，改变网络参数，使得阻抗增加，使潮流流向 L3/L4。

（5）通知营销：地区电网用电负荷错峰，避稳定开高峰负荷。

案例（二）：断面 1 潮流接近稳定限额（见图 5-13），当 k 点发生故障，此时断面 2 超过稳定限额，值班调控员应如何处理？

分析：具体处理步骤如下：

（1）发电厂 D 增加出力。

（2）发电厂 C 减少出力。

（3）B 站部分负荷转移：

1）B 站部分负荷通过合解环操作，转移至其他分区。例如：B 站 11 和 12 开关改运行，母联改热备用，将 B 站 II 母转移至 C 站供电。

2）地调将 B 站低压负荷（110kV 及以下电压等级）转移至其他分区。

（4）B 站 11 或 12 开关改运行，增加 B 站对外联络通道。

（5）B 站母联改热备用，分母方式，断面限额变为两条单线运行限额。

（6）以上手段均均用尽后断面仍超稳定限额，可采取负荷控制措施（限电、超供拉路）。

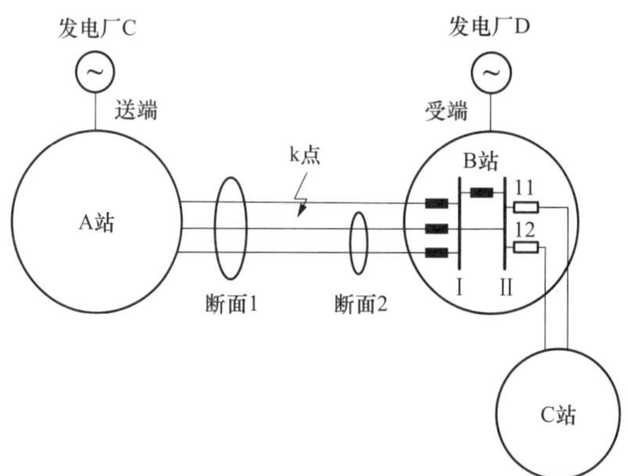

图 5-13　断面越限事故处理

54. 因上级电源故障，造成 220kV 变电站母线失电，变电站全停，值班调度员应如何处理，举例说明。

答：若能明确为上级电源故障，可依据电网紧急情况快速送电原则，采用遥控等方式，先尽快将相关开关改为热备用，对故障点进行有效隔离；对 220kV 失电母线一条电源带一台主变压器（或一根终端线）优先恢复送电；待站用电及重要保电用户恢复送电后，逐步恢复正常方式。同时，故障发生后，值班调度员应排查并汇报停电用户情况，尤其是重要及保电用户，通过低压互馈方式调整优先恢复重要保电用户供电和站用电。

案例：某地区电网接线方式如图 5－14 所示，某日，变电站 A 周边出现短时雷暴天气，联络线 L1/L2 相继跳闸，纵差保护动作，重合不成功。故障导致 220kV B 站全停，35kV E、F 站全停，C 站负荷自切成功。值班调控员应如何处理？

分析：具体处理步骤如下：

（1）迅速摸清低压负荷损失情况，确定快速送电路径。

（2）通过 35kV 低压调整迅速恢复 B 站站用电。

（3）联系上级调度申请优先恢复 T1 主变压器送电。

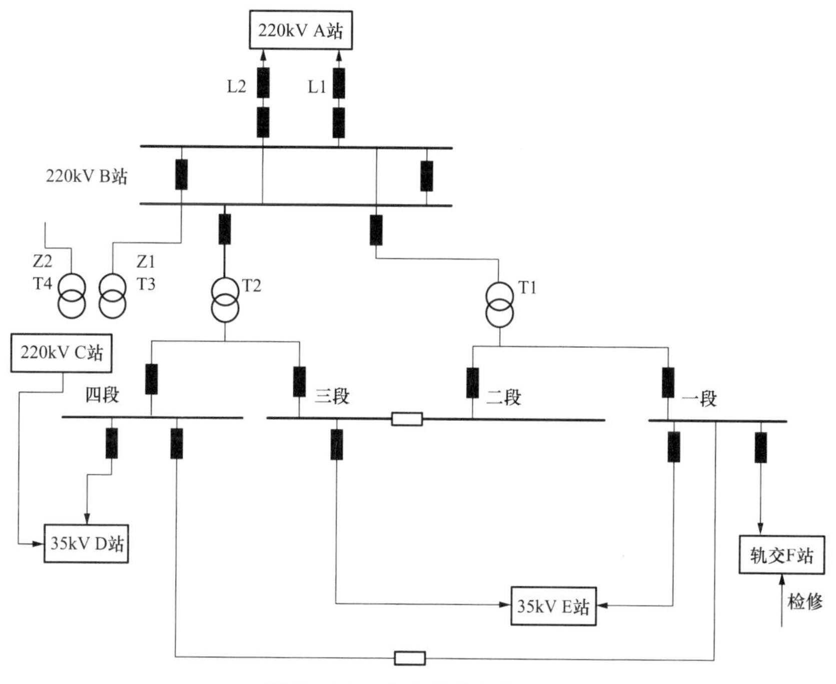

图 5－14　全站停电事故处理

55. 查找二次系统的直流接地的操作步骤和注意事项有哪些？

答：根据运行方式、操作情况、气候影响进行判断可能接地的处所，采取拉路分段寻找处理的方法，以先信号和照明部分后操作部分，先室外部分后室内部分为原则。在切断各专用直流回路时，切断时间应尽量短，不论回路接地与否均应合上。当发现某一专用直流回路有接地时，应及时找出接地点，尽快消除。

注意事项：

（1）当直流发生接地时禁止在二次回路上工作。

（2）处理时不得造成直流短路和另一点接地。

（3）拉合直流电源前应采取必要措施防止直流失电可能引起保护、自动装置误动。

56. 变电站直流母线失压有何影响？ 应如何处理？

答：直流母线失压将使直流母线上的所有保护将失去功能，线路故障不能跳闸无法重合，无法分合闸操作，不能发出信号，而且一些远动通信装置将失去电源，属危急缺陷。应尽快消除直流母线故障或切换直流母线恢复保护装置电源，无法恢复时，将该直流母线供电的保护装置对应设备停电，避免设备无保护运行。

57. 变压器事故跳闸的处理原则是什么，举例说明。

答：变压器跳闸后，应关注相关变压器、线路等设备是否有过负荷现象，对于变压器试送电应遵循的原则如下：

（1）若变压器主保护（瓦斯、差动）动作，未查明原因并消除故障前不得送电。

（2）若只是变压器过流保护（或低压过流）动作，在找到故障并有效隔离后，可试送一次。

（3）有备用变压器或备用电源自动装置投入的变电站，当运行变压器跳闸时应先启用备用变压器或备用电源，然后再检查跳闸的变压器。

（4）检修完工后的变压器送电过程中，变压器差动保护动作后，如明确为励磁涌流造成变压器掉闸，可立即试送。

（5）在检查变压器外部无明显故障，检查瓦斯气体和故障录波器动作情况，确认变压器内部无故障者，可以试送一次，有条件时，应利用发电机组进行零起升压。

案例：35kV A 站，两台 35kV 主变压器分列运行，35kV 侧为内桥接线，10kV 侧为单母分段，某日，SCADA 显示站内 35kV 1 号进线开关、1 号主变压器 10kV 开关跳闸（10kV 分段仍为热备用），作为值班调控员，如何根据不同的保护动作信号，判断电网故障性质？运行方式如图 5－15 所示。

分析：可能发生故障的性质如下：

（1）主变压器保护差动或瓦斯动作，无 10kV 线路保护动作，10kV 自切未动作，故障性质为主变压器回路故障，另外，10kV 分段开关故障拒合或自切装置故障自切未动作。

（2）主变压器过流保护动作，10kV 线路保护动作，10kV 自切动作，自切后加速动作，故障性质为 10kV 线路故障，出线开关拒动，10kV 自切动作不成功。

（3）主变压器过流保护动作，无 10kV 线路保护动作，10kV 自切动作，自切后加速动作，故障性质为 10kV 线路故障，线路保护未动作，或母线故障，10kV 自切动作不成功。

58. 变压器过流保护动作应如何处理，举例说明。

答：检查出线开关保护有动作而开关未跳闸，则应拉开该出线开关，然后试送变压器。如出线开关保护均未动作，则应拉开全部出线开关，并检查母线范围如无故障，然后试送变压器，试送成功后，再试送母线（带出线母刀），如成功后，所有出线改为热备用（用上遥控，重合闸停用），调度遥控逐路试送。

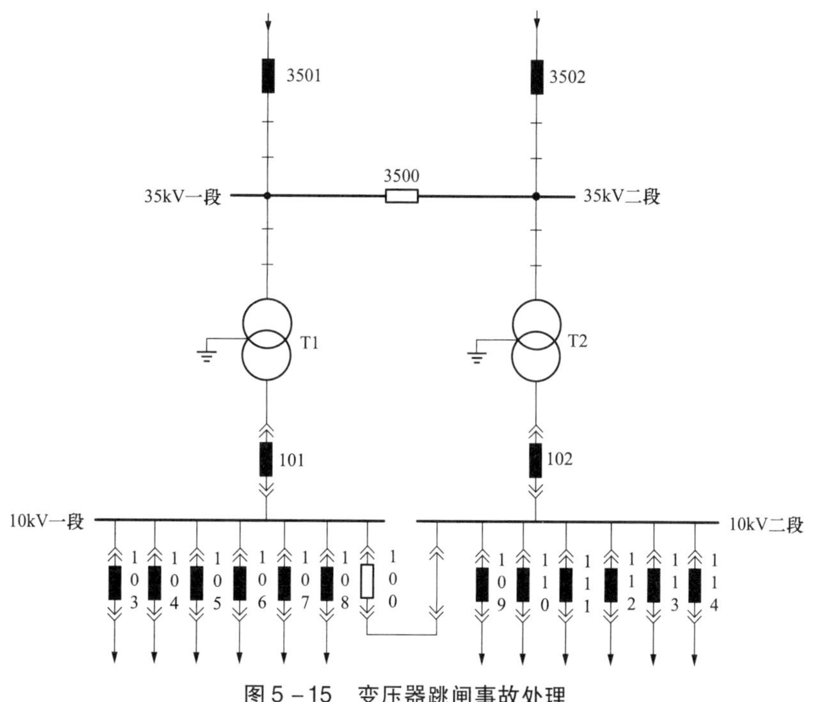

图5－15　变压器跳闸事故处理

案例：35kV A站，接线方式如图5－16所示，某日，SCADA显示1号主变压器35kV过流动作，1号主变压器35kV开关跳闸，35kV母联自切后加速动作，自切不成功。值班调控员应如何处理？

分析：具体处理步骤如下：

（1）停用相关自切。

（2）检查有无出线保护动作而开关未跳线路，若有则拉开该线路后试送其他元件。

（3）若无则对失电母线清排。

（4）确认母线和主变压器正常后，试送35kV母线（注意调整变压器后备保护时间定值）。

（5）逐条送出出线（试送前应先停用重合闸）。

59. 变压器跳闸对电网有哪些影响？

答：（1）变压器跳闸后，最直接的后果就是造成负荷转移，使相关的并联变压器负荷增加甚至过负荷运行。

（2）当系统中重要的联络变压器跳闸后，还会导致电网的结构发生重大变化，导致大范围潮流转移，使相关线路过稳定极限。某些重要的联络变掉闸甚至会引起局部电网的解列。

（3）负荷变压器跳闸后，其所带负荷全部转移到其他变压器，使得原本双电源供电的用户变成单电源供电，降低了供电的可靠性或直接损失大量的用户负荷。

（4）中性点接地变压器跳闸后造成序网参数变化会影响相关零序保护配置，并对设

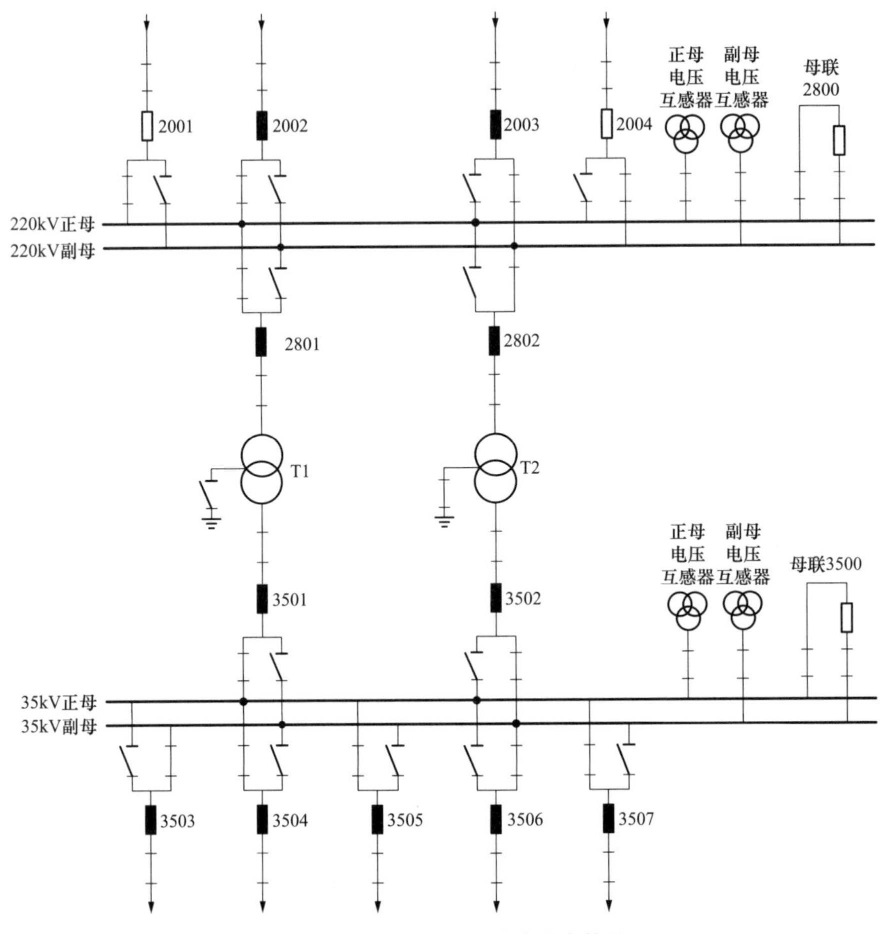

图5-16　变压器过流保护动作事故处理

备绝缘构成威胁。

60. 两台主变压器分列运行案例分析。

两台主变压器分列运行，当对2号主变压器冲击时，2号主变压器改运行后，1号主变压器差动保护动作跳闸，经检查1号主变压器无故障，保护动作正确，请分析原因及防范措施。

答：原因分析，当2号主变压器合闸冲击时产生励磁涌流，其含有很大的直流分量和大量的非周期分量，该直流分量流经与其并联且中性点接地的1号主变压器励磁绕组，使1号主变压器铁芯趋势饱和，产生的和应涌流造成1号主变压器保护动作跳闸。

防范措施：

（1）新变压器启动冲击时避免两台主变压器同时在运行状态。

（2）已投运的变电站，停运检修主变压器恢复时，可以通过以下方法进行避免：

1）调整保护定值：在保证差动保护灵敏度的前提下，适当调高差动保护启动门槛值，避免差动保护误动。

2）调整运行方式：空载合闸前，将运行主变压器中性点临时拉开。

61. 母线停电对电网的影响有哪些？

答：（1）母线故障后，连接在母线上的所有断路器均断开，电网结构会发生重大变化，尤其是双母线同时故障时甚至直接造成电网解列运行，电网潮流发生大范围转移，电网结构较故障前薄弱，抵御再次故障的能力大幅度下降。

（2）母线故障后连接在母线上的负荷变压器、负荷线路停电，可能会直接造成用户停电。

（3）对于只有一台变压器中性点接地的变电站，当该变压器所在的母线故障时，该变电站将失去中性点运行。

（4）对于3/2接线方式的变电站，当所有元件均在运行的情况下发生单条母线故障将不会造成线路或变压器停电。

62. 母线故障停电的一般处理原则是什么？

答：母线故障处理不当可能扩大事故，造成更大的损失。因而正确地判断事故性质，及时隔离故障设备，尽快恢复正常设备的供电就显得尤为重要。母线故障处理原则如下：

（1）母线故障后，母线上相连元件全部跳闸，应全面考虑跳闸后其他元件潮流电压的变化。

（2）母差保护动作造成母线跳闸，明确所有相连开关均已断开，迅速令现场人员检查一次设备。

（3）母线跳闸试送前需明确母线上所有开关状态，同时需明确跳闸线路对侧开关状态。

（4）跳闸母线具备送电条件，可以选择以下方法对母线进行试送：

1）母线无明显故障点，可以选择机组带母线零起升压；可以选择用对侧开关带线路＋母线送电；可以用母联开关投充电保护后给母线充电。

2）母线有明显故障点，不影响送电或故障点已隔离，可以直接选择与母线连接的开关给母线充电。

3）对于双母接线方式下，故障母线送电要求该母线电压互感器正常投入运行。

4）对于3/2接线方式下，故障母线送电的开关选择应全面考虑接线方式和潮流的影响。

（5）双母接线方式，故障母线不具备送电条件的情况下，应明确母线上元件无故障，之后将无故障元件倒至运行母线。倒母线时倒闸应采用先拉后合的方法进行。

（6）母线失压，母差未动作，母线上开关未断开，检查一、二侧设备无异常并确认母线上开关全部断开后，可对失压母线进行一次一次试送。

（7）母线上接有双重调度设备，在处理母线事故时，各级调度之间应相互配合。

（8）双母接线方式下，母联开关故障跳闸，造成母线分列运行时，应充分考虑电网运行方式和中性点要求，母联开关送电时应考虑同期合环。

63. 发电厂高压母线停电时，应采取哪些方法尽快恢复送电？

答：当发电厂母线停电时，可依据规程规定和实际情况采取以下方法恢复送电：

（1）现场值班人员应按规程规定立即拉开停电母线上的全部电源断路器，同时设法恢复受影响的厂用电。

（2）对停电的母线进行试送电，尽可能用外来电源线路断路器试送电，必要时也可用本厂带有充电保护的母联断路器给停电母线充电。

（3）当有条件且必要时，可利用本厂一台机组对停电母线零起升压，升压成功后进行与系统同期并列。

64. GIS 母线事故的处理原则是什么，举例说明。

答：（1）将停电负荷全部转移，但禁止各元件冷倒母线。

（2）GIS 母线上设备发生故障，必须由设备主管单位查清并修复故障或隔离故障点后方能试送；如设备主管单位汇报查不到故障，但调度确认该设备跳闸时确有故障（如该设备主保护动作，系统有突波，故障录波装置动作等），调度应将故障情况、保护动作情况、电网接线方式、用户停电情况、故障录波装置动作情况等汇报有关领导。

（3）当发生 GIS 母线差动保护动作跳闸时，通过查看故障录波图及询问周边厂站情况可确定当时系统并无突波，即不存在系统故障，并且现场检查 GIS 设备外观无异常，气室 SF_6 压力正常，当值调控员可以对跳闸母线试送一次。

（4）当 GIS 母线差动保护动作跳闸，并且该母线上连接出线差动或纵联保护也动作跳闸，同时满足下列三个条件时，当值调控员在已隔离故障出线后可以对跳闸母线试送一次：

1）通过查看故障录波图确定系统有且仅有一个故障；

2）现场检查发现该连接出线有确切的故障判据；

3）现场检查 GIS 设备外观无异常，气室 SF_6 压力正常。

案例：某 220/110/35kV 两主变压器变电站，站内 110kV 母线采用 GIS 设备单母分段接线方式，开关两侧均配置流变，运行方式如图 5－17 所示。当 1 号主变压器差动、110kV 一段母差保护动作：

（1）试分析故障的范围？

（2）若 GIS 设备没有找到明显的故障点，是否可以试送？

（3）若 1 号主变压器 110kV 主变压器差动流变故障，安排复役时需要注意什么？

分析：具体处理步骤如下：

（1）1 号主变压器 110kV 开关两侧电流互感器（主变压器差动电流互感器和母差电流互感器）及电流互感器之间设备。

（2）根据上述分析，需同时满足三个条件，当值调控员在已隔离故障出线后可以对跳闸母线试送一次。

（3）操作时在主变压器带负荷前需停用主变压器第一、二套差动保护，主变压器带

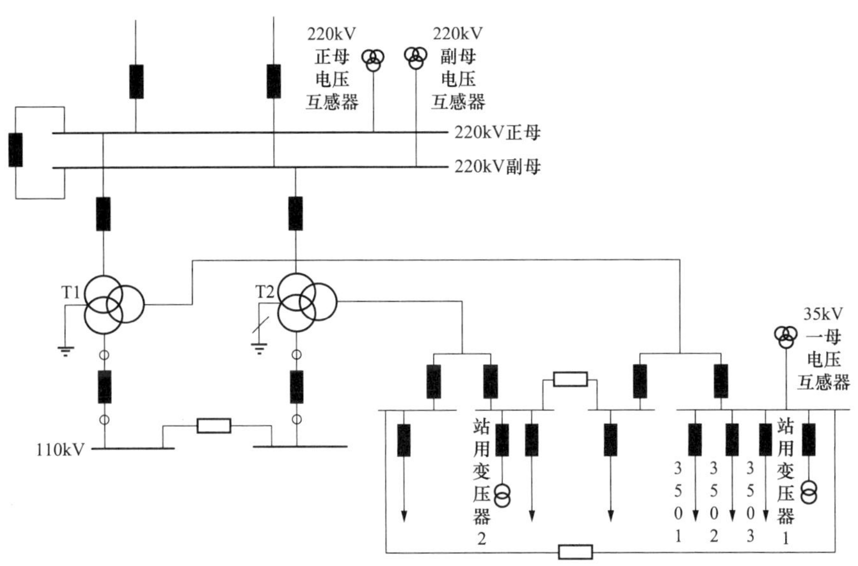

图 5－17　GIS 母线故障事故处理

负荷后，进行带负荷校验主变压器第一、二套差动保护，待差动保护校验合格后，用上主变压器第一、二套差动保护。

65. 对跳闸线路试送电前应注意哪些问题?

答：线路跳闸后，为加快事故处理，可进行试送电，在试送前应考虑：

（1）正确选择试送端，使电网稳定不致遭到破坏。在试送前，要检查重要线路的输送功率在规定的限额之内，必要时应降低相关线路的输送功率或采取提高电网稳定的措施。

（2）厂站值班员必须对故障跳闸线路的相关设备进行外部检查，并将检查结果汇报，若事故时伴随有明显的故障现象，如火花、爆炸声、电网振荡等，待查明原因后再考虑能否试送。

（3）试送的断路器必须完好，且具有完备的继电保护。

（4）试送前应对试送端电压控制，并对试送后首端、末端及沿线电压作好估算，避免引起过电压。

（5）线路故障跳闸后，一般允许试送一次。如试送不成功，需再次试送，须经主管生产的领导同意。

（6）线路故障跳闸，断路器切除故障次数已达到规定次数，由厂站值班员根据现场规定，向相关调度汇报并提出处理建议。

（7）当线路保护和高抗保护同时动作造成线路跳闸时，事故处理应考虑线路和高抗同时故障的情况，在未查明高抗保护动作原因和消除故障前不得试送；如线路允许不带电抗器运行，可将高抗退出后对线路试送。

（8）有带电作业的线路故障跳闸后，若明确要求停用线路重合闸或故障跳闸后不得试送者，在未查明原因之前不得试送。

66. 哪些情况下线路跳闸后不宜立即试送电?

答：下列情况的线路跳闸后，不宜立即试送电：

（1）空充电线路。

（2）试运行线路。

（3）线路跳闸后，经备自投将负荷转移到其他线路上，不影响供电。

（4）电缆线路。

（5）有带电作业工作并申明不能试送电的线路。

（6）线路变压器组断路器跳闸，重合不成功。

（7）运行人员已发现明显故障现象时。

（8）线路断路器有缺陷或遮断容量不足的线路。

（9）已掌握有严重缺陷的线路，例如水淹、杆塔严重倾斜、导线严重断股等情况。

67. 线路发生故障后，调控员通知巡线时有哪些规定?

答：（1）值班调控员应将故障跳闸时间、继电保护动作情况告诉巡线单位，并尽可能根据故障录波器的测量数据提供故障范围，以供巡线单位参考。负责巡线抢修的单位，应将用户反映的事故现象及巡线处理情况及时报告值班调控员。

（2）值班调控员发布巡线指令时应说明线路状态，如线路是否带电、是否已经做好停电检修的安全措施、是否可以不经联系立即开始工作。

68. 变电站配电网出线故障如何处理?

答：（1）无论重合成功与否，均应告知故障带电巡线，重合成功但负荷电流明显减小的，需告知巡线人员该情况。

（2）若重合不成功或未重合，则条件允许时可强送一次。

（3）查到故障点，在消除故障或隔离故障点后，确认其余线路和变电设备无明显故障点后，可进行试送。

（4）全线巡查找不到明显故障点时，可进行全线试送或逐段试送，逐段试送时应合理分段，减少可能需要的试送次数，试送的线路断路器应本身良好并可保证操作安全，必要时可全由总线断路器进行逐段试送。

（5）经逐段试送确定故障区段后加以隔离检查，对电缆可通过测试绝缘电阻值来检查是否良好，故障区段外线路恢复送电。

（6）对并有小电厂的线路，试送需确认电厂侧断路器断开；对并有小电厂或供电厂保安电的线路，线路改检修处理时电厂侧也应改线路检修，送电后及时告知电厂。

69. 哪些紧急情况下可以不按正常停电顺序直接拉开主变压器 10kV 断路器对母线及线路停电?

答：以下紧急情况可不拉停线路等直接拉开主变压器 10kV 断路器：

（1）母线或母线隔离开关严重发热，随时可能发展成故障。

（2）母线电压互感器异常随时可能发展成故障，并无法靠近操作高压隔离开关。

（3）线路需要紧急停电但该线路断路器拉不开时。

（4）10kV 断路器室内有故障且状态不明，人员盲目进入可能造成危险，需停电进入检查。

（5）主变压器需要紧急停役。

（6）电网紧急故障限电。

70. 配电网中性点不接地系统单相接地与电压互感器高、低压熔丝熔断有何区别？

答：配电网中性点不接地系统单相接地与电压互感器高、低压熔丝熔断依据现象有以下区别：

（1）单相接地时，接地光字牌亮，消弧线圈装置动作并报警“接地”，选线装置动作发出选线信号，接地相电压降低，其余两相电压升高；金属性接地时，接地相电压为零，其余两相为线电压，线电压不变。压变指示灯故障相暗，其他两相特别亮，接地电压表（3V0）指示 100V 左右。拉开压变中性点接地闸刀、接地电压表（3V0）指示消失，灯亮恢复正常。

（2）母线电压互感器高压熔丝熔断时，一相、两相或全部三相电压降低或接近零，其余相电压基本正常，线电压也可能降低。

（3）单相接地或母线电压互感器高压熔丝熔断时电压互感器二次开口绕组电压都增大，都可能发出接地信号，而电压互感器低压熔丝熔断则不会。

（4）还可通过测量电压互感器二次侧桩头电压来判断高、低压熔丝熔断，电压正常则为低压熔丝熔断或二次回路故障。

71. 小电流接地系统发生单相接地时，如果已确定接地点在某一架空线路，应如何处理，举例说明。

答：（1）首先对该架空线路进行巡查。

（2）对架空线路上电容器进行试拉。

（3）在架空线上装有杆上闸刀，有条件不停电合解环分段测寻的（如同一主变压器系统两条线路），可进行合解环测寻，若必须进行不同主变压器系统合解环测寻的，必须征得有关领导同意。

（4）在架空线上装有杆上闸刀，无条件并解分段测寻的，可采取停电分段测寻方法，但事先应通知重要用户。

案例（一）：35kV A 站为小电流接地系统，某日，10kV 母线单相永久性接地，经试拉查得 10kV 出线 101 接地，其接线方式如图 5 – 18 所示，为了加快事故处理，尽快找到接地点，值班调控员应如何处理？

分析：具体处理步骤如下：

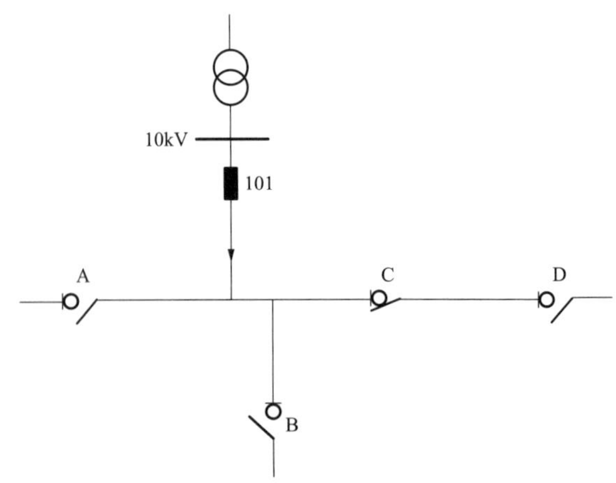

图5－18　无条件并解分段测寻

（1）拉开负荷杆刀C；

（2）运维人员确认站内接地是否存在，若在，则接地点在A、B、C负荷杆刀之间，否则接地点在C、D杆刀之间。

案例（二）：35kV A站为小电流接地系统，某日，10kV母线单相永久性接地，经试拉查得10kV出线101接地，其接线方式如图5－19所示，为了加快事故处理，尽快找到接地点，值班调控员应如何处理？

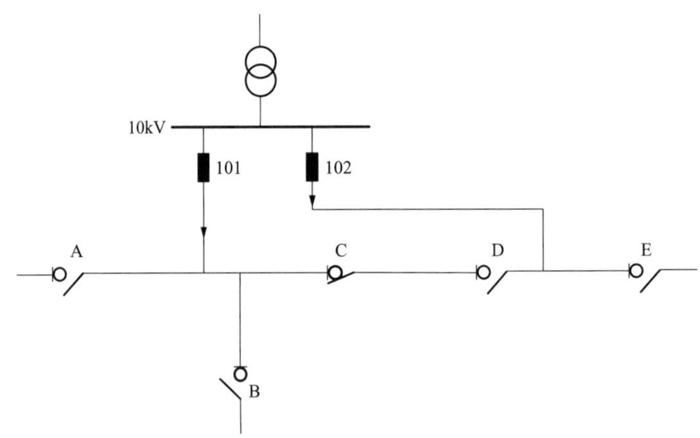

图5－19　有条件不停电合解环分段测寻

分析：具体处理步骤如下：

（1）合上负荷杆刀D，拉开负荷杆刀C；

（2）运维人员站内试拉10kV出线102，若接地曾消失，则接地点在C、D负荷杆刀之间，否则接地点在A、B、C负荷杆刀之间。

72. 主变110kV开关电流互感器故障案例分析。

案例：C站：1号主变差动、110kV一段母差保护动作，1号主变失电，110kV一段母线失电；1 号主变 220kV、110kV、35kV 开关跳闸，35kV 自切成功，110kV 自切成功（见图 5－20）。

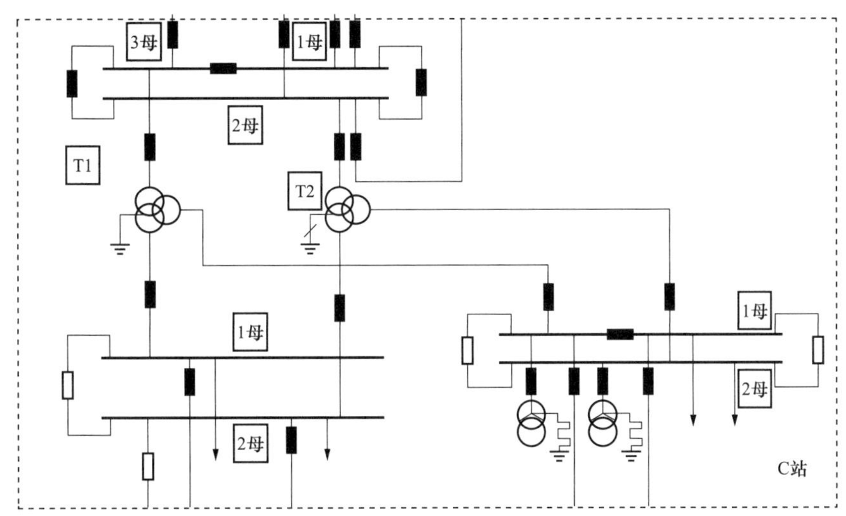

图 5－20　接线图

110kV GIS 设备无明显故障点，气室 SF_6 压力正常，在故障录波仪动作过并显示只有一个故障点。

根据以上提示，分析 C 站内什么故障？

答：C 站，1 号主变差动保护的保护范围是各侧开关电流互感器之间，110kV 一段母差保护的保护范围是母线上各开关电流互感器之间，由于 1 号主变差动、110kV 一段母差保护同时动作，且故障录波仪动作过并显示只有一个故障点，所以综合以上分析，故障原因为：1 号主变 110kV 开关电流互感器故障，造成 1 号主变差动保护、110kV 一段母差保护同时动作。

参考文献

[1] 张全元. 变电运行现场技术问答（第三版）[M]. 北京：中国电力出版社，2016.

[2] 贾伟. 电网运行与管理技术问答 [M]. 北京：中国电力出版社，2007.

[3] 国家电力调度控制中心. 电网调度运行实用技术问答（第三版）[M]. 北京：中国电力出版社，2015.

[4] 国家电力调度控制中心. 配电网典型故障案例分析与处理 [M]. 北京：中国电力出版社，2018.

[5] 国家电力调度控制中心. 电网调控运行人员实用手册（2018 版）[M]. 北京：中国电力出版社，2018.

[6] 国家电力调度控制中心. 配电网调控人员培训手册 [M]. 北京：中国电力出版社，2016.

[7] 国家电力调度控制中心. 配电网调控实用技术问答 [M]. 北京：中国电力出版社，2016.

[8] 国家电力调度通信中心. 电力系统继电保护实用技术问答（第二版）[M]. 北京：中国电力出版社，2000.

[9] 国家电力调度通信中心. 电力系统继电保护题库 [M]. 北京：中国电力出版社，2008.

[10] 李晶生. 华东电网调度和运行系统技术技能竞赛题库集（第三版）[M]. 北京：中国电力出版社，2014.

[11] 国网上海市电力公司. 电网调控运行专业实用手册 [M]. 北京：中国电力出版社，2017.

[12] 黑龙江省电力有限公司调度中心. 电力系统调度、运行、继电人员继电保护竞赛试题汇编 [M]. 北京：中国电力出版社，2004.

［13］国网上海市电力公司市北供电公司．配网系统员工入职培训手册继电保护［M］．北京：中国电力出版社，2019.

［14］DL/T 584—2007.《3～110kV 电网继电保护装置运行整定规程》［S］.

［15］GB/T 14285—2006.《继电保护和安全自动装置技术规程》［S］.